Oswalda Ludwig

Wörterbuch der Kfz-Technik

Oswalda Ludwig

Wörterbuch der Kfz-Technik

Montage-, Mess- und Prüfanlagen

Deutsch – Englisch
Englisch – Deutsch

2. Auflage

VDE VERLAG GMBH • Berlin • Offenbach

Umschlagbild mit freundlicher Genehmigung der Firma BMW, München

Bibliografische Information Der Deutschen Bibliothek
Die Deutsche Bibliothek verzeichnet diese Publikation in der Deutschen Nationalbibliografie; detaillierte bibliografische Daten sind im Internet über http://dnb.ddb.de abrufbar

ISBN 978-3-8007-2847-3
ISBN 3-8007-2847-8

Druck und Bindung: „Thomas Müntzer" GmbH, Bad Langensalza 2005-09

Vorwort zur 2. Auflage

Mit dieser 2. Auflage legen VDE VERLAG und Verfasserin dem Fachpublikum die aktualisierte 2. Ausgabe dieses erfolgreichen Fachwörterbuchs vor.

Der Dank der Verfasserin gilt auch bei dieser 2. Ausgabe dem VDE VERLAG, der den Anstoß zur Überarbeitung und Aktualisierung des Fachwörterbuchs gab.

Die 2. Ausgabe wurde durch etwa 400 neue Begriffe, Redewendungen und Abkürzungen erweitert. Kritische Hinweise sowie Änderungsvorschläge aus dem Benutzerkreis wurden bei der Überarbeitung und Ergänzung der 1. Auflage berücksichtigt.

Im Übrigen gelten auch für die Benutzung dieser Ausgabe das bereits im Vorwort der 1. Auflage Gesagte sowie die dort gegebenen Hinweise.

Berlin, im Juli 2005 Oswalda Ludwig

Vorwort zur 1. Auflage und Benutzerhinweise

Das vorliegende Fachwörterbuch soll kein Wörterbuch im üblichen Sinne darstellen. Denn es beschränkt sich im Wesentlichen auf die für das Fachgebiet relevanten Termini, auch wurde besonderer Wert darauf gelegt, nicht nur Einzelbegriffe, sondern komplexe Wendungen anzuführen, die die technischen Sachzusammenhänge und Fakten erhellen und dem Benutzer die Möglichkeit geben, einen Begriff nur für diesen speziellen Bereich zu ermitteln oder zu verwenden. Das Wörterbuch geht auf die Erfahrungen zurück, die die Verfasserin in vielen Jahren als technische Dolmetscherin und Übersetzerin insbesondere auf dem Gebiet der **Kraftfahrzeugtechnik** und dabei den Bereichen **Montage-, Mess- und Prüfanlagen** gewinnen konnte. Das Fachglossarium wurde bei Gesprächen und Verhandlungen erfasst und zahllose, zur Übersetzung gegebene Fachtexte terminologisch ausgewertet.
Es wird davon ausgegangen, dass der Benutzer über sprachliche und technische Grundkenntnisse verfügt und übliche Wörterbücher zugänglich sind. Da sich dieses Wörterbuch speziell an **Dolmetscher, Übersetzer und Ingenieure,** die im Fachbereich tätig sind, aber auch an die **Bediener** der Prüfanlagen wendet, wurde bewusst auf die Aufnahme von Begriffen aus der Allgemeinsprache und bestimmte Übersetzungsmöglichkeiten für andere Fachgebiete verzichtet. Ergänzend wurden gelegentlich auch allgemeinere Begriffe angeführt, um das mitunter zeitraubende Suchen in weiteren Wörterbüchern zu vermeiden.

Für den Benutzer noch einige Hinweise

Sämtliche Wörter / Wortgruppen sind alphabetisch geordnet. Im englisch-deutschen Teil wurden die deutschen Übersetzungen in einzelne Wortklassen eingeteilt, die durch ein Semikolon getrennt sind. Innerhalb der Wortgruppen wurde ebenfalls alphabetisch geordnet, ohne eine unterschiedliche Gewichtung der einzelnen Übersetzungen in der Reihenfolge vorzunehmen. Grammatische Angaben wurden auf die Anführung des Geschlechts der Substantive im jeweils deutschen Teil beschränkt. In komplexen Wendungen mit mehreren Substantiven beziehen sich diese Angaben stets auf das **erste** Substantiv bzw. substantivierte Verb. Im englisch-deutschen Teil kann sich in einer Aufzählung das Geschlecht auf zwei oder mehrere Begriffe beziehen, z. B. Bezugsgröße, Grundplatte *f*, Podest *n* = die Bezugsgröße, die Grundplatte, das Podest. Angaben in ( ) verweisen auf eine Benutzung mit bzw. ohne diese Angabe, z. B. clamp(ing) device = clamp device *oder* clamping device. Angaben in *( )* dienen der Erläuterung oder verweisen auf Komponenten / Systeme, denen der relevante Begriff zugeordnet ist, z. B. lösen *(Bremse)* = release oder lösen *(Leitungen)* = unclamp. Werden einzelne Begriffe durch / getrennt, sind mehrere Zusammensetzungen möglich, z. B. orifice / perforated / punched plate = orifice plate *oder* perforated plate *oder* punched plate.
Für Hinweise zur Verbesserung des Wörterbuchs sowie für Änderungs- und Ergänzungsvorschläge aus dem Benutzerkreis, die in einer möglichen späteren Neuauflage berücksichtigt werden können, wäre die Verfasserin sehr dankbar.
Der Dank der Verfasserin gilt insbesondere dem VDE VERLAG für die Bereitschaft, dieses Wörterbuch zu veröffentlichen.

Berlin, im August 1999 Oswalda Ludwig

Teil I: Deutsch – Englisch

A

abarbeiten, ein Programm *n*	run a program
Abarbeitungszeit *f*	processing time
abbauen (*Druck, mechanische Spannungen*)	relieve
Abblendlicht, automatisches *n*	automatic lighting control (ALC)
abbremsen, den Verstellkolben *m*	retard the advance piston
Abbrennen des Ventilsitzes *n*	erosion of the nozzle seat
Abbruch *m*	discontinuation, stop
(ab)dämpfen	attenuate, cushion
Abdeckblech *n*	cover sheet
Abdeckprofil *n*	cover strip
Abdeckung *f*	cover
Abdeckung, seitliche *f*	lateral cover
Abdichteinheit *f*	sealing unit
Abdichtkugel *f*	sealing ball
Abdichtmasse *f*	locking compound
Abdichtung auf der Zylinderkopffläche *f*	flame face seal
Abdichtung mit Motorblockdichtung *f*	block flame face seal
Abdichtung, luftdichte *f*	airtight seal
Abdichtzylinder *m*	sealing cylinder
Abdrückvorrichtung *f*	push-off kit
Abfallsicherung *f*	drop safety device, safety for drop-out
Abfallzeit *f*	decay time
Abfangblech *n*	locating plate
Abflachung, angearbeitete *f*	machined flat
Abfrageleiste *f*	sensor strip
abfragen, ein Prüfverfahren *n*	consult a test method
Abfrageschaltung *f*	answering circuit
Abgang *m*	outlet
Abgangsverschraubung *f*	outlet connector
Abgas CO in % *n*	CO % emission
Abgas *n*	exhaust emission / gas
Abgasabzug *m*	exhaust fume extraction
Abgasbestimmungen *f pl*	emission laws
Abgasdruck *m*	exhaust pressure
Abgasemissionswerte *m pl*	exhaust gas emission levels
Abgasgegendruck *m*	exhaust gas back pressure
Abgasgrenzwert *m*	exhaust-gas limit
Abgasmenge, geregelte *f*	controlled amount of exhaust gas
Abgasnachbehandlungssystem *n*	exhaust aftertreatment system
Abgasreinigung *f*	emission control, exhaust aftertreatment system
Abgasrückführung (AGR) *f*	exhaust gas recirculation (EGR)
Abgasrückführventil *n*	EGR valve
Abgassonderuntersuchung (ASU) *f*	exhaust-gas emission test

Abgastemperatur *f*	exhaust outlet temperature
Abgasvorschriften *f pl*	emission control regulations
Abgaswerte *m pl*	emission specifications
abgehende Strecke (*Transportsystem*) *f*	outgoing track
abgelenkt	incorrectly directed
abgenutzt	worn out
abgeschaltet	disconnected
abgeschert	sheared
abgestimmt	mated
abgestimmte (Brems-)Scheiben *f pl*	balanced discs
abgestumpft	truncated
abgleichen	align
Abgleichs-Modul *n*	trim module
Abgleichsvorrichtung (*für Messgeräte*) *f*	servomechanism
Abhängung (*Kabel*) *f*	looping
abklingen (*Schwingungen*)	dying out of oscillation, relaxation time
abklingen (*Signal*)	decay
abkoppeln	disconnect
Abkühlung bei ungeschützter Ausrüstung *f*	chill factor on exposed equipment
Ablage *f*	storage tray
Ablageblock *m*	installation trolley
Ablagefläche *f*	mounting tray
Ablass *m*	drain
Ablassschraube *f*	drain plug
Ablassschraubendichtung *f*	drain seal plug
Ablassstutzen *m*	drain pipe
Ablassventil *n*	bleeder, drain / outlet valve
Ablaufdiagramm *n*	flow chart
Ablaufsteuerung *f*	cycle / sequential control
Ablenkblech *n*	baffle, splash shield
ablenken	direct incorrectly
ablesen, eine Anzeige *f*	take a reading
Ablieferzustand *m*	(reduced) final dress state
Abluftkulisse *f*	outlet air duct
Abmaß *n*	deviation
Abnahme im Verbund *f*	complete acceptance
Abnahmelehre (*Messgerät*) *f*	inspection gauge
Abnahmeverfahren *n*	acceptance test procedure (ATP)
Abnahmezeichnung *f*	acceptance drawing
abnehmbar	add-on, removable
abnehmen (*Druck*)	decrease
abnehmen (*Geschwindigkeit*)	decelerate
abnehmen (*Strom*)	collect
abnehmen (*Temperatur, Spannung*)	drop, fall (off)
Abnutzung *f*	fraying, wear
Abpacken und Wiederauflegen *n*	unloading and loading
Abregeldrehzahlanschlag *m*	maximum speed stop

Abreibung *f*	gumming-up
Abrieb *m*	chafing
Abrollbahn (*Transportsystem*) *f*	roll-off track
abrüsten (*Modul*)	degrade
abrüsten (*Prüfteil*)	post-dress, undress
Abrüstplatz *m*	undress station
Absaugleistung *f*	draining / extraction rate
Absaugöffnung *f*	draining port
Absaugstutzen *m*	draining / extraction nozzle
abschalten	disable, disconnect
Abschalten der Prüfanlage *n*	test system shut-off
Abschaltsicherung *f*	cut-off device
Abschaltsteuerung der Klimaanlage *f*	air-conditioning shut-off control
Abschaltung der Klimaanlage, temporäre *f*	temporary shut-off of the air-conditioning compressor
Abschaltventil, elektromagnetisches *n*	stop control solenoid
Abscherbolzen *m*	safety bolt, shear pin
Abscherring *m*	shearing collar
Abscherschraube *f*	shear screw
Abscherventil *n*	shearing valve
Abschirmblech *n*	baffle
Abschirmung (*Elektrik*) *f*	screening
abschließen, einen Motor *m*	disconnect an engine
Abschlussdeckel *m*	cover / end cap
Abschlussplatte *f*	cover / seal plate
Abschottung (*Elektrik*) *f*	shielding towards
Absenkvorrichtung (*Transportsystem*) *f*	lowering device
Absetzzange *f*	joggling tool
Absicherung *f*	safety installation
Absolutwertgeber *m*	absolute value encoder
Absolutzeiterfassung *f*	time tagging
absperren, eine Leitung *f*	plug a piping
Absperrventil eines Druckmessers *n*	isolating valve of a pressure gauge
Absperrventil *n*	lock-off / stop valve
ABS-Pumpe *f*	ABS pressure pump
ABS-Sensor *m*	ABS sensor
ABS-Steuergerät *n*	ABS control module
Abstand *m*	distance, spacing
Abstandspieper *m*	park distance control (PDC)
Abstandsradar *n*	short distance radar
Abstandsregeltempomat (ART) *m*	adaptive cruise control (ACC), Distronic *(Mercedes)*
Abstandsregelung, automatische *f*	automatic following distance control
Abstandswarnung *f*	detection sensor
Abstellplatz des Fahrzeugs über Nacht *m*	vehicle overnight storage
Abstellscheibe *f*	stop plate
Abstimmung *(Bremsscheibe) f*	balance

Abstimmung von Linienabläufen *f*	line task balancing
Abstimmungsprüfung an belüfteten (Brems-) Scheiben *f*	balance check on vented discs
Abstützkraft *f*	reaction power
Abstützpunkt *m*	support location
Abtastrate *f*	scanning rate
Abtastung, optische *f*	optic scan
Abtriebsflansch *m*	stubshaft
Abtriebskraft *f*	power take-off (PTO)
Abtriebskraft trennen *f*	disengage PTO
Abtriebskraft zuführen *f*	engage PTO
Abtriebsmaschine *f*	load motor
Abtriebsritzel *n*	output gear
Abtriebsseite *f*	output drive
Abtriebsspindel *f*	output spindle
Abtriebsspindelgehäuse mit Führungseinheit *n*	output spindle case with guide unit
Abtriebswelle *f*	output shaft
Abtriebswelle mit Riementrieb *f*	output shaft with belt drive
Abweichung vom normalen Verhaltensmuster *f*	do not correspond to the habitual instability detection pattern
ACC Radarsensor *m*	ACC radar sensor
Achse, robuste *f*	rigid axis
Achskörper *m*	axle beam
Adapter *m*	adapter, end fitting
Adapteranschluss *m*	attenuator plug
Adapterplatte *f*	adapter plate
Adapterteil *n*	bulkhead
Adaptierung, automatische *f*	automatic adaptation
Adaptierung, manuelle *f*	manual adaptation
adaptive Geschwindigkeits- / Temporegelung *(Tempomat) f*	adaptive cruise control (ACC)
Additiv-Status eines Signals *m*	signal status 'up'
Aggregatemontage *f*	powertrain assembly
aktives Fahrwerk *(Porsche) n*	Porsche active suspension management (PASM)
aktives Federungs- und Dämpfungssystem *(vom Computer gesteuert) n*	active body control (ABC)
aktives und passives Sicherheitskonzept / -system *n*	combined active and passive safety system (CAPS)
aktivieren, das Vorglühen *n*	operate the pre-heating system
Aktualisierung *f*	updating process
aktueller Prüfvorgang *m*	test status
Alarmsystem für die Stromabschaltung *n*	(intruder) alarm system to shut off the current
Allgangregelung *f*	all-speed governing
Allgangregler *m*	all-speed governor
Allgemeinzustand eines Motors *m*	condition of an engine

Allradantrieb *m*	four wheel drive (4WD)
„alltagstaugliches" Geländefahrzeug *n*	sports utility vehicle (SUV)
Allzweckklappe *f*	general purpose flap
anaerob (*ohne Sauerstoff*)	anaerobic
Analog- / Digital-Wandler *m*	analogue-to-digital converter
Anbauteil *n*	attachment
Anbauzeichnung *f*	attachment drawing
anbringen	attach / fit / mount to, place
ändern, die Spannung *f*	change / vary the voltage
Änderungen vorbehalten *f pl*	subject to changes without prior notice
Änderungsgeschwindigkeit *f*	rate of speed
andocken, an eine Automatikstation *f*	interface to an automatic station
Andocksystem *n*	docking system
Anfahrautomatik *f*	automatic starting control
anfahren (*ein Steuersystem fährt etw. an*)	index sth. for sth.
Anfahrschlupfregelung (ASR) *f*	electronic traction control (ETS)
anfällig gegen Beschädigung *f*	vulnerable to damage
Anforderungen eines Betreibers, spezielle *f pl*	special owner requirements
anfräsen (*anspiegeln*)	spot face
Angebotszeichnung *f*	quotation drawing
angebracht an	fitted / mounted to
angefangene Woche *f*	part of week thereof
angeflanscht	flange-mounted to
angeordnet, parallel	arranged in parallel
angepasst an	matched to
angeschlossen	connected
angeschlossen, an Masse *f*	grounded
Anker (*Elektromotor*) *m*	armature, rotor
Ankeröse *f*	locating lug
ankuppeln	engage
Anlage (*Ausrüstung*) *f*	installation, line, system
Anlage (*Fabrik*) *f*	plant
Anlagefläche *f*	mating face
Anlagenbezeichnung *f*	facility description
Anlagenleitstand *m*	control station
Anlassdrehzahl *f*	cranking speed
Anlassen (*Motor*) *n*	pre-cranking
anlassen, ein Niederdrucksystem *n*	prime a low-pressure system
Anlasser *m*	starter
Anlasser betätigen *m*	crank the engine
Anlasser mit Vorgelege *m*	gear reduced starter motor
Anlasser, übermäßiger Verschleiß des ~s *m*	excessive starter motor wear
Anlassermotor *m*	starter motor
Anlasserzahnkranz *m*	starter ring gear
Anlassphase des Motors *f*	pre-starting phase
Anlauf *m*	initial warmup

Anlaufplatte *f*	thrust plate
Anlaufverhalten *n*	response / set-up time, start-up response
Anlegen von Druck *n*	pressurization
anlegen, gemäßigten Druck *m*	apply moderate pressure
Anlieferzustand *m*	pre-dress state
anliegen, an	be against
Annäherung der Auslassdruckfühler *f*	advance exhaust probes
anordnen	arrange, position
Anordnung (*Anlage*) *f*	design
Anordnung (*Elektrik*) *f*	configuration
Anordnung (*Lageplan*) *f*	layout
Anordnung der Einspritzlöcher *f*	spray hole arrangement
Anordnung siehe Stückliste *f*	arrangement see parts list
Anordnung von Sicherungen *f*	location of fuses
Anordnung, konstruktive *f*	layout as fixed by the design
Anordnungsplan *m*	arrangement drawing
anpassen an	adapt, fit, adjust, match to
Anpassfähigkeit *f*	application flexibility
Anpassung, falsche *f*	mismatch
Anpressdruck *m*	bearing pressure / reaction force / stress
Anpressdruck der Platte *m*	cover pressing
Anreicherungsventil *n*	power valve
Anreihklemme *f*	modular terminal
Anrisslinie *f*	scribe line
Ansatz *m*	shoulder
Ansaugen, Pumpe zum ~ bringen *n*	prime a pump
Ansauggeräuschdämpfer *m*	intake muffler
Ansaugkrümmer *m*	air inlet manifold
Ansaugluft *f*	intake air
Ansaugluft-Drosselklappe *f*	inlet air throttle
Ansaugluftdruck *m*	inlet air pressure
Ansauglufttemperatur *f*	air intake temperature
Ansaugöffnung *f*	inlet / intake port
Ansaugpumpe *f*	lift pump
Ansaugschlauch *m*	intake hose
Ansaugtakt *m*	inlet / intake stroke
Ansaugunterdruck *m*	inlet vacuum
Anschlag *m*	lock stop, retainer
Anschlagblock *m*	stop block
Anschlagbolzen *m*	stop bolt
Anschlagbuchse *f*	thrust sleeve
Anschlagdämpfung *f*	fixed stop absorption
Anschlagen (*Springen*) des Nockenrings *n*	cam ring ‘bouncing’ phenomenon
Anschlagfläche *f*	stop face
Anschlaghülse *f*	sleeve
Anschlagkonsole *f*	stop bracket
Anschlagleiste *f*	stop rail

Anschlagplatte *f*	detent / stop plate
Anschlagring *m*	guide washer
Anschlagscheibe *f*	thrust / stop washer
Anschlagschraube *f*	stop plug / screw
Anschlagwinkel *m*	try square
Anschluss *m*	connecting circuit, connection, port
Anschluss Abgasrückführung *m*	EGR orifice
Anschluss, elektrischer *m*	electrical connection
Anschluss, metrischer *m*	metric head
Anschluss, schlechter *m*	poor connection
Anschluss, serieller *m*	serial port
Anschlussbalken *m*	bulkhead
Anschlussbild (*eines Zylinders*) *n*	mounting pattern
Anschlussbohrung *f*	connection port
Anschlussdose, elektrische *f*	electrical connection box
Anschlüsse *m pl*	connection system
Anschlussfahne *f*	tag
Anschlussfläche *f*	contact surface
Anschlusskabel, elektrisches *n*	electrical power cord
Anschlussleitungen *f pl*	connection piping
Anschlussschema *n*	cable arrangement
Anschlussschlauch *m*	adaptation hose
Anschlussstelle des Kupplungsseils *f*	cable mounting point
Anschlussstutzen *m*	take-off connection
Anschlusssystem *n*	docking system
Anschlussträger *m*	bulkhead
Anschlussträger Öl und Elektrik ankuppeln *m pl*	advance the bulkhead sensors
Anschlusswerte (*Elektrik*) *m pl*	connected loads
Ansenkung *f*	spot-face
anspiegeln (*anfräsen*)	spot face
Ansprechdruck (*Lecktest*) *m*	minimum pressure of response
ansprechen, scharf (*mechanisch*)	snatch
Ansprechverhalten des Motors *n*	throttle response
Ansprechvermögen eines Multimeters *n*	sensitivity of a multimeter
Ansprechzeit *f*	response time
ansteuern	operate, select
ansteuern durch eine DCU	operate by a DCU
ansteuern, ein Einspritzventil *n*	select an injector
ansteuern, ein Relais *n*	energize a relay
Ansteuersignal *n*	control signal
Ansteuerung *f*	operation, selection
Ansteuerung des Motordrehmoments *f*	request for action on the engine torque
Ansteuerungssignal *n*	instruction signal
Ansteuerungsstrom *m*	drive current
Anstieg (*eines Wertes*) *m*	gain
Antennenanlage, verdeckte *f*	hidden antenna system

Anti-Blockier-System (ABS) *n*	anti-lock braking system (ABS)
Antiklopfregelung (AKR) *f*	anti-knock control
Anti-Schleuder-Bremssystem *n*	anti-skid braking system
Antrieb, bei dem im Normalbetrieb nur die Vorderräder arbeiten *m*	real time 4WD system
Antrieb, fest gelagerter *m*	splined drive
Antrieb, schwimmend gelagerter *m*	floating / zero-backlash drive
Antriebseinheit *f*	drive unit
Antriebsgehäuse *n*	drive housing
Antriebshebel *m*	actuating arm
Antriebskette (*Nebenantrieb*) *f*	power take-off drive chain
Antriebskupplung *f*	drive coupling
Antriebsmotor *m*	drive motor
Antriebsnabe *f*	drive hub
Antriebsplatte, unverlierbare *f*	captured main drive plate
Antriebsrad *n*	supported drive gear
Antriebsschlupfregelung (ASR) *f*	anti wheel-spin control (system) (ASC)
Antriebsseite *f*	drive / on-drive end
Antriebsstopp *m*	stop drive rotation
Antriebsstrang *m*	driveline, drive / power train
Antriebsstrang des Motors *m*	engine timing gear train
Antriebswelle (*Getriebe*) *f*	input shaft
Antriebswelle (*Motor*) *f*	drive shaft
Antriebswellenbolzen *m*	drive shaft key
Antriebswellendichtung *f*	drive shaft seal
Antriebswellenmutter *f*	drive shaft nut
Antriebswellenstumpf *m*	drive shaft spigot
Anweisung, programmierte *f*	specific programmed instruction
Anwendungsbereich *m*	application(s)
Anwendungssoftware *f*	application software
Anzeige *f*	display, reading
Anzeige gespeicherter Daten *f*	display of stored data
Anzeigeinstrumente *n pl*	display controls
Anzeigemöglichkeiten *f pl*	reporting capabilities
anzeigen	display, indicate
Anzeigesystem *n*	head-up display (HUD)
anziehen	tighten
anziehen mit vorgegebenem Anzugsmoment *n*	tighten to the specified torque
Anziehen *n*	torqueing
Anzugsdrehmoment *n*	torque to turn, starting torque
Anzugsmoment *n*	tightening torque, torque value
Anzugsreihenfolge von Schrauben *f*	bolt tightening sequence
Anzugsstation *f*	torqueing station
Applikationspaket *n*	application package
Arbeits- und Gesundheitsschutz *m*	health and safety precautions

Arbeits-, Gesundheits- und Brandschutzbestimmungen *f pl*	fire prevention, health and safety regulations
Arbeitsblatt, elektronisches *n*	spreadsheet
Arbeitsdruck *m*	working pressure
Arbeitsluftversorgung *f*	shop air supply
Arbeitsspiel *n*	operating cycle
Arbeitsspindel *f*	operating spindle
Arbeitstakt eines Motors *m*	power cycle / stroke
Arbeitszyklus *m*	duty cycle
Armaturenbrett *n*	instrument panel
arretieren, eine Palette *f*	arrest a pallet
Arretierfeder *f*	detent spring
Arretierkugel *f*	detent ball
Arretierplatte *f*	detent / locking plate
Arretierschraube *f*	locking screw
arretiert	retained
Arretierung *f*	retainer
Arretierungsplatte *f*	interlock assembly
Art und Anordnung der Kraftstoffpumpe *f*	fitment and choice of the feed pump
Art und Weise der Fehlererkennung *f*	fault detection mode
Assistenzsystem *(zur Regelung des Abstands und der Relativgeschwindigkeit zwischen zwei hintereinander fahrenden Fahrzeugen) n*	adaptive cruise control (ACC)
Audiosystem *n*	audio system
auf 0 V geschaltet	connected to 0 V
auf 0 V schalten	select to 0 V
auf der Primärseite *f*	on the primary side
auf Durchgang prüfen *m*	continuity test
auf Fehler umbauen *m pl*	rebuild to failures
auf halbem Weg zwischen den Riemenscheiben *m*	midway between the pulleys
Aufbau (*Bauart*) *m*	construction, design
Aufbau (*Montage*) *m*	assembly, installation, mounting (arrangement)
Aufbau eines Einspritzventils *m*	injector construction
Aufbau von Anwenderprogrammen *m*	structure of user programs
Aufbau, mechanischer *m*	mechanical construction
aufbauen, schrittweise	lay out step-by-step
aufbereitete Daten *pl*	edited data
Aufbereitungsvorrichtung *f*	conditioning equipment
Aufbringen des Dichtmittels *n*	sealant application
Aufbringen einer Dichtung *n*	clamp a sealing
aufeinanderfolgend	successive
Auffangwanne *f*	collecting / spill pan / tray
Aufforderungen für den Bediener *f pl*	prompts to the operator
Auffüllen mit Druck *n*	pressurize

Aufgaben des Kunden *f pl*	customer's responsibilities
aufgerüstet	upgraded
aufgeschrumpft	heat-shrink
Aufhängung, verstärkte *f*	heavy duty (HD) suspension
Aufhängungsdämpfer *m*	suspension damper
aufheben (*Fehler*)	clear
Auflage (*Polster*) *f*	pad
Auflagefläche *f*	contact / bearing surface, mounting face, seating (face)
Auflagefläche des Hydraulikkopfes *f*	hydraulic head seating
Auflagerreaktion *f*	reaction force
Auflageständer *m*	supporting column
Auflösung, hohe *f*	high resolution
Aufmaßunterlagen *f pl*	dimensioning data
Aufnahme (*Transportvorrichtung*) *f*	nest
Aufnahme(vorrichtung) *f*	clamping fixture
Aufnahmeblock *m*	mounting block
Aufnahmebohrung *f*	adaption boring, mounting hole
Aufnahmebolzen *m*	locating bolt
Aufnahmedorn *m*	holding arbor
Aufnahmefläche *f*	adaption / clamping face
Aufnahmeplatte *f*	clamp / locating / mounting / support plate
Aufnahmestift *m*	locating pin
aufnehmen, einen Steuerbefehl *m*	be capabable of receiving a command
Aufnehmer *m*	transducer, sensor
Aufnehmerkabel *n*	transducer cable
Aufprallwarnung *f*	collision warning system
Aufrüst- / Aufspannzeit *f*	set-up time
aufrüsten (*einen Prüfling*)	button-up (*AE*), (pre-)dress
aufrüsten, eine Anlage *f*	upgrade a line
Aufsatz *m*	adapter
Aufschaltung *f*	connection
Aufschlagen des Sprengrings *n*	assembly of the circlip
aufschraubbar	screw-on
Aufspannbock *m*	accessory kit for mounting sth.
aufspannen	clamp
Aufspannfläche *f*	clamping face
Aufspannhöhe *f*	set-up height
Aufspannplatte mit Führungseinheit *f*	clamping plate with guide unit
Aufspannplatte mit Spannvorrichtung *f*	clamping plate with clamp(ing) device
Aufspannvorrichtung *f*	mounting bracket
Aufspannwinkel *m*	angle plate
Aufsteckbolzen *m*	push fit
Aufsteckhülse *f*	shell-type / slip-on bush
Aufstellfläche *f*	location area
Aufstellungsort *m*	installation site
Aufstellungsplan *m*	layout concept / plan

Auftragungsfläche *f*	area applied
auftreffen *auf*	impact
auftretender Fehler *m*	a fault is present
Aufwärts-Status eines Signals *m*	signal status 'up'
aufzeichnen, im Speicher *m*	record on memory
Ausbau *m*	dismantling, removal procedure
Ausbau vorhandener Anlagen *m*	refurbishing of existing facilities
Ausbaustufe (*Projekt*) *f*	project stage
Ausbauwerkzeug *n*	remover, removal tool
Ausbringung pro Tag *f*	daily yield
Ausbringungskapazität *f*	rate
Ausdruck des Prüfprogramms *m*	printed list of the test program
auseinander drücken	force / push apart
ausfahren (*Kolbenstange*)	extend
ausfahren (*Schaltereinheit*)	draw out
ausfahren, den Stützschlitten des Motors *m*	advance the engine stabilizers
Ausfall der Einspritzanlage *m*	starving injection equipment
Ausfall, kompletter *m*	breakdown
Ausfall, vorzeitiger *m*	premature failure
ausfallsicher	fail-safe
ausführen, einen Test *m*	carry out / run a test
Ausführung *f*	configuration, design
Ausführungszeichnung *f*	engineering drawing
Ausgangsanschluss *m*	output jumper
Ausgangsbedingungen *f pl*	set-up
Ausgangsdruckstange *f*	output rod
Ausgangsdruckstück *n*	output rod pip
Ausgangskanal *m*	output channel / port
Ausgangs-Konstruktionsstand *m*	initial design status
Ausgangsmoment *n*	output torque
Ausgangsseite eines Relais *f*	output side of a relay
Ausgangssignal *n*	output signal
Ausgangsspannung *f*	output voltage
Ausgangsstellung des Nockenrings *f*	initial cam position
ausgekuppelter Zustand *m*	release load
ausgelegt für starke Beanspruchung *f*	designed for high load
ausgeleuchtete Ebene des Sprühstrahls *f*	scattered light from the spray passing through the light sheet
ausgelöst (*Funktion*)	engaged
ausgerastet	disengaged
ausgerichtet sein mit	be aligned with
ausgleichen	balance
Ausgleichsantrieb *m*	zero-backlash drive
Ausgleichsbüchse *f*	compliance bush
Ausgleichsgetriebe *n*	differential
Ausgleichsladung *f*	equalization charge
Ausgleichsscheibe *f*	shim

Ausgleichsstück *n*	yoke
Ausgleichsventil *(Bremsdruck) n*	control valve
Ausgleichsventil *n*	differential valve
Ausgleichswiderstand *m*	compensation resistor
aushärten	cure
Aushärtezeit eines Dichtmittels *f*	sealant setting time
Aushebekran *m*	jib crane
ausheben, einen Motor *m*	lift off an engine
Aushubstation *f*	lifting station
Ausklinkvorrichtung *f*	release tool
auskuppeln	disengage
Auslass *(am Prüfling) m*	outlet
Auslass *(Transportsystem) m*	escape(ment)
Auslassadapter *m*	outlet adapter
Auslassanschluss *m*	outlet connector
Auslassdruck *m*	outlet pressure
Auslassdruckfühler *m*	exhaust sensor
Auslasskrümmer *m*	exhaust manifold
Auslassleitung *f*	outlet pipe
Auslassschraube *f*	outlet bolt
Auslasstakt *m*	exhaust stroke
Auslastung *f*	duty
Auslastung einer Anlage *f*	system duty
Auslaufkanal *m*	outlet port
Auslegung des Transportsystems *f*	conveyor design
Auslegung einer Prüfvorrichtung *f*	test fixture design
Auslegung eines Fahrzeugs *f*	specification of a vehicle
Auslegung von Teilen, endgültige *f*	final element design
Auslegung, vorläufige *f*	prelim(inary) design
auslösen	initiate, trigger, trip out, release
Auspuffkrümmer *m*	exhaust manifold
Auspuffrohr *n*	exhaust pipe
Ausrichtelement *n*	alignment element
ausrichten	align, position
ausrichten mit	line up with
ausrichten, horizontal / vertikal	align to the horizontal / vertical axis, orient horizontally / vertically,
Ausrichtkante *f*	datum edge
Ausrichtung, fehlerhafte *f*	misalignment
ausrücken (*Kupplung*)	declutch, disengage
Ausrückhebel *m*	release fork / lever
Ausrücklager *n*	release bearing
Ausrückplatte *f*	release plate
Ausrückquadrant *m* / -segment *n*	release quadrant
Ausrückwelle *f*	release shaft
Ausrüstung, optionale *f*	ancillary equipment
Ausrüstung, zu prüfende *f*	equipment under test

Ausrüstungssatz *m*	kit
Ausrüstungsteil *n*	kit component
aussaugen *(Ölwanne)*	empty
Ausschalten der Startautomatik *n*	automatic choke return
Ausschaltpunkt *m*	off-value
ausschlagen *(Bremsscheibe)*	run out
Ausschleuseinheit *f*	discharge unit
Ausschleusen des Prüflings *n*	unloading of a test piece
Ausschnitt *m*	cutaway
Aussehen *n*	appearance
Außenabmessung *f*	outer dimension
Außenfilter *m*	external filter
außen gelagert *(Pumpe)*	unsupported
Außengewinde *n*	external thread
Außenlaufbahn *f* / -ring *(eines Lagers) m*	outer race
außen liegend *(Baugruppe)*	head locating
Außensechskantschraube *f*	head locating fitting
Außenseite *f*	outer end
Außensicherungsring *m*	outer circlip
Außenteile *n pl*	external features
außer Betrieb *m*	inoperative
außer Eingriff *m*	out of engagement
außerhalb der Grenzwerte liegen *m pl*	be outside / fall out of limits
aussteuern	level
Ausstoßer *m*	ejector
austauschen, ein Teil *n*	replace a component
Austrittsleitung *f*	outlet / take-off pipe
auswählen, eine Standardvariante *f*	select a variant by default
auswechselbar	replaceable
auswechseln, ein Teil *n*	replace a component
Auswerfer *m*	ejector
Auswerteelektronik *f*	evaluation electronics
Auswerteprogramm *n*	evaluation program
Auswertung von Daten *f*	data analysis
Auszieher *m*	extractor tool
Automatikgetriebe *n*	automatic transmission
automatisch nachstellender Bremssattel *m*	auto-adjusting calliper
automatische Abstandsregelung *f*	automatic following distance control
automatische Ölbefüllung *f*	automatic oil fill
automatische Stabilitätskontrolle *f*	active body control (ABC), automatic stability control (ASC)
automatische Stabilitäts- und Traktionskontrolle (ASC+T) *f*	active body + traction control (ABC + T)
automatische Verstellung *f*	auto(matic) advance
automatischer Prüflauf *m*	automatic test run
automatisches Abblendlicht *n*	automatic lighting control (ALC)
Autopilotsteuerung *f*	accelerometer pilot control

Autotronic *f (CVT-Getriebe)*	continuously variable transmission (CVT)
axial versetzt	axially displaced
Axialanlaufhauptlager *n*	main thrust bearing
Axialbelastung *f*	end load
Axialpendeln *n*	end float
Axialspiel *n*	axial / end play, end float
Axialverschiebung *f*	axial change

B

Backenfutter *n*	shoe jacket
Backenscheibe *f*	shoe plate
Bahnkörper (*Transportsystem*) *m*	base construction, conveyor body
Balgpumpe *f*	bulb pump, bulb-type hand primer
Ballast (*Motor*) *m*	stabilization
Bananensteckerbuchse *f*	banana plug socket
Bandstrecke (*Transportsystem*) *f*	conveyor section
Bandstreckenverlauf, im Kreis zurückführender *m*	close loop
Banjoauslassschraube *f*	banjo outlet bolt
Banjoschraube *f*	banjo bolt
basieren, auf dem Prinzip „Alles oder nichts" *n*	operate on an 'all or nothing' principle
Basissystem *n*	baseline system
Batterie schnell laden *f*	fast charge a battery
Batterie, voll geladene *f*	fully-charged battery
Batterie, Zustand der *f*	state of the charge of the battery
Batterieschluss *m*	short-to-battery voltage
Batteriespannung *f*	battery voltage
Batteriezellen im Strang, reihengeschaltete *f pl*	series battery strings
Baugröße, kleine *f*	small overall dimensions
Baugruppe (*Einheit*) *f*	assembly group / unit, module, subassembly
Baugruppe, außen liegende *f*	head locating assembly
Baugruppen, vorgefertigte *f pl*	subassembled supplies
Baugruppenträger *m*	mounting rack, subrack
Bauhöhe *f*	construction / overall height
Baujahr *n*	year of construction
Baukastensystem *n*	modular system, unit assembly system
Baureihe *f*	series
Bausatz *m*	kit
Baustatus *m*	build state
Bauteil *n*	accessory, component
Bauteil, angeschlossenes *n*	accessory connected
Bauteile, fehlerhafte *n pl*	defective assemblies
Bauweise *f*	construction
beanspruchen	strain
bearbeiten, ein Programm *n*	edit a program
bearbeiten, präzise	machine to a high degree of accuracy
Bearbeitungszeit *f*	run time
beaufschlagen mit Druck *m*	apply / supply pressure, pressurize, be subjected to pressure
beaufschlagen mit Prüfmedium *n*	supply test medium
Bedienbereich *m*	operation position

Bedienelemente *n pl*	controls
Bedienereingriff *m*	operator intervention
Bedienerführung *f*	operator control panel with monitor, operator prompting / guidance
Bedienergonomie *f*	operator ergonomics
Bedieneroberfläche *f*	operating interface
Bedienerschnittstelle *f*	operator's panel
Bedienfeld *n*	console, keypad, operator's panel
Bedienfläche *f*	(operator) interface
Bediengewohnheiten *f pl*	operator custom
Bedienhebel für Drive-by-Wire Technologie *m*	side-stick
Bedienpult *n*	operator panel
Bedientaste *f*	control button
Bedienung, prozessnahe *f*	local operator control
beeinflussen, gegenseitig	interact
beeinträchtigen	impair
Befestigung *f*	attachment, fastening, fixture, mounting
Befestigung, schwingungsfreie *f*	anti-vibration mounting
Befestigungsausgang *m*	fixing port
Befestigungsbohrung *f*	mounting hole
Befestigungsbolzen *m*	fixing bolt / stud
Befestigungsfläche *f*	mounting face
Befestigungsflansch *m*	mounting flange
Befestigungsklammer *f*	mounting bracket
Befestigungslasche *f*	clip
Befestigungsmutter *f*	fixing nut
Befestigungsnase *f*	retaining tang
Befestigungsschelle *f*	mounting clip
Befestigungsschraube *f*	fixing / support screw
Befestigungswinkel *m*	bolt-up angle, mounting bracket
Befüllen *(Pumpe) n*	priming
Beginn langsamer Antrieb *m*	start drive rotation
begrenzen	limit
Begrenzungsschraube *f*	bolt
Behälterfixierdichtung *f*	grommet
Behälterversion eines Filters *f*	bowl version of a filter
beheben, einen Fehler *m*	rectify / remedy a fault
Behebung einer Störung *f*	rectification work
Beifahrerseite *f*	nearside
Belegungsplan *m*	location chart
benachbart	adjacent
Benutzerschnittstelle *f*	user interface
Benzindirekteinspritzung *f*	gasoline direct injection (GDI)
Benzineinspritzung, „geschichtete" *f*	fuel stratified injection (FSI)
Benzinmotor *m*	petrol engine
berechnen, den Kraftstoffverbrauch *m*	calculate the fuel consumption
Bereich *m*	range, span

Bereich, über den gesamten *m*	over the full range
Bereichsabfrage *(Transportsystem) f*	range monitoring
Bereichskontrolle *(Überwachung) f*	zone control
Bereichsschalter *m*	range selector / switch
Bereichsüberwachung *(Daten) f*	limit control
Bereitschaftsmeldung *f*	'ready' signal
Bereitschaftsmodus *m*	back-up mode
bereitstellen	apply, provide, supply
Berstkennfeld *n*	bursting characteristics
Berührungsfläche *f*	mating face
berührungsloses Messprinzip *n*	non-intrusive measurement principle
beschädigt	damaged, scored
Beschleunigerpumpe *f*	accelerator pump
Beschleunigung unter Volllast *f*	full-load acceleration
Beschränkung des Luftstroms *f*	flow restriction in the air supply
Bestandsunterlagen *f pl*	existing drawings
bestätigen	confirm, verify, validate
Bestätigung *(Werte) f*	verification
Bestätigung der korrekten Steuersignale *f*	continuously monitor the effective execution of instructions
bestehen, aus einem Stück *n*	be of one-piece design
Bestellnummern *f pl*	despatch numbering system
Bestellzeit *(von Waren) f*	lead time
Betanken *n*	fuelling
betätigen *(Anlasser)*	crank
betätigen *(Balgpumpe)*	squeeze
betätigen *(Kupplung)*	engage
betätigen *(manuell)*	operate
betätigen *(maschinell)*	actuate
betätigen *(Schalter)*	turn on
betätigen *(Taste)*	press
betätigt, elektromagnetisch	solenoid-operated
betätigt, hydraulisch	hydraulically operated
betätigt, mechanisch	mechanically operated
Betätigung *f*	actuation, activation, operation
Betätigungseinrichtung einer Bremse *f*	brake apply component / system
Betätigungseinrichtung *f*	actuation / control device
Betätigungsgestänge *n*	actuating linkage
Betätigungshebel *m*	actuating lever
Betätigungskraft *f*	actuating / control / operating force
Betätigungsplatte *f*	control plate
Betätigungsstange *f*	input rod
Betätigungsweg *m*	operating travel
betreiben, eine Prüfeinrichtung *f*	operate / run a test machine
Betrieb am unteren Grenzwert *m*	derated mode, lower rate mode strategy
Betrieb bei niedrigen Temperaturen *m*	low temperature operation
Betrieb bei voller Kraftstoffbefüllung *m*	operate completely full of fuel

Betriebsanlagen *f pl*	site equipment
Betriebsanweisung *f*	operating instruction
Betriebsart „Speicherauszug" *f*	snapshot mode
Betriebsart ändern *f*	change a mode
Betriebsart eingeben *f*	enter a mode
Betriebsart zuschalten *f*	engage a mode
Betriebsbedingung *f*	operating condition
Betriebsbedingung, extreme *f*	severest operating condition
Betriebsbedingung, gravierende *f*	worst operating condition
Betriebsbedingungen eines Motors *f pl*	engine operating conditions
Betriebsbereich, normaler *m*	normal operating sweep
betriebsbereit	released, standby
Betriebsbereitschaftssignal *n*	enabling signal
Betriebsbremsanlage *f*	service brake
Betriebsdrehzahl *f*	running speed
Betriebsdrehzahlbereich durchlaufen *m*	run through the working speed range
Betriebs-Erlaubnis-Nummer, allgemeine (ABE) *f*	general type approval number
Betriebsparameter *m*	operating parameter / variable
betriebssichere Bremse *f*	fail-to-safe brake
betriebssichere Spannvorrichtung *f*	fail-safe tooling
Betriebsverhalten des Motors *n*	engine performance
Betriebsweise, ungleichmäßige *f*	notchy operation
Betriebszustand *m*	operating status
Bewegung, druckerzeugende *f*	pressurizing movement
Bewegungsschema *n*	motion diagram
Bezug *m*	reference
Bezug, in ~ auf *m*	in relation / related / relative to
Bezugsgröße *f*	base, datum
Bezugsprofil *n*	standard profile
Bezugsspannung des Steuergeräts *f*	control unit reference voltage
Bezugszylinder *m*	reference cylinder
Biegefeder *f*	spiral
Biegestreifen *m*	bent strap
Biegevorrichtung *f*	bend test jig
Biegung *f*	bend
Bildschirm *m*	screen
Bildschirmbereich, im oberen / unteren *m*	on the upper / lower portion of the screen
Bildschirmdarstellung *f*	screen
Blatt, starres *n*	rigid blade
blau geglüht *(Fläche)*	blued
Blaurauch *m*	black smoke, smoky exhaust
Blaurauchkorrektur *f*	smoke correction
Blech, maßgeschneidertes *n*	tailored blank
Blechflansch *m*	metal panel flange
Blechlasche *f*	tang
Blindbohrung *f*	blind hole

Blindstopfen *m*	blanking / blind plug
Blindverschlussschraube *f*	blanking plug
Block- und Endmontage *f*	block and final assembly
Block- und Hakenvorrichtung *f*	block and hook device
blockieren	block, retain
Blockschaltbild *n*	block diagram
Bock *(Auflage für Montage) m*	support
Bock *m*	block, frame, jack, pedestal, rack
Boden eines Filters *m*	base of a filter
Bodenbelastung *f*	ground pressure
Bodenraum, freier *m*	clear floor space
Bohrung *f*	bore, hole, passage, passageway
Bohrung, glatte *f*	smooth bore
Bohrung, konische *f*	tapered bore
Bohrungsmessaufnehmer *m*	nozzle plug gauge
Bohrungszentrierung *(Bremsscheibe) f*	hole centring
Bolzen, versetzter *m*	offset dowel
Bolzenverbindung *f*	screw-bolt connection
Bördelflansch *m*	clinch flange
bördeln	edge, flange, rim, seam
Bramme *f*	iron slab
Bremsanlage *f*	brake system
Bremsanlage mit kohlefaserverstärkten Keramikbremsscheiben *(Porsche) f*	Porsche ceramic composite brake (PCCB)
Bremsassistent *m*	brake booster, power-assisted brake system, power brake assembly, power braking system, servo-assisted brake system
Bremsbacke *f*	brake shoe
Bremsbelag *m*	brake pad
Bremsbelag, Glänzigwerden des ~s *m*	pad glazing
Bremsen per Side-Stick *n*	brake-by-wire
Bremsfading *n*	fade
Bremsflüssigkeit *f*	brake fluid
Bremsgeräusch *n*	brake noise
Bremskolbenfeder *f*	caliper piston housing spring
Bremskraftverstärker *m*	brake booster
Bremskraftverstärkung *f*	brake servo
Bremskraftverteilung, ungleichmäßige *f*	unbalanced braking
Bremskreis *m*	brake circuit
Bremskreislauf *m*	braking system
Bremslichtschalter *m*	stop light switch
Bremsmoment *n*	brake torque
Bremspedalschalter *m*	brake pedal switch
Bremspedalweg, langer *m*	long pedal, long brake pedal travel
Bremsprüfgerät *n*	brake efficiency meter
Bremsrubbeln *n*	brake judder
Bremssattel *m*	caliper

Bremssattel, automatisch nachstellender *m*	auto-adjusting caliper
Bremsschalter *m*	deceleration switch
Bremsscheibe *f*	brake disc
Bremsschleifen *n*	dragging
Bremsschlupf *m*	brake / wheel slip
Bremsschlupfregelung (ASR) *f*	wheel-slip control
Bremsseil *n*	brake cable
Bremsunterdruck *m*	brake vacuum
Bremsventil, hydraulisch betätigtes *n*	hydraulic brake valve
Bremswirkung *f*	braking effect
Bremswirkung, eine einwandfreie und gleichmäßige ~ gewährleisten *f*	deliver smooth, even braking performance
Bremszylinder *(Dämpfung) m*	dashpot
brennbar, leicht	highly inflammable
Brennraum *m*	combustion chamber
Brennraumdrucksensor (BDR) *m*	combustion chamber sensor
Brennvorgang *m*	combustion
Brücke mit Messpunkten *f*	distributor
Buchse *f*	liner, bush, sleeve, sleeving, socket
Buchse, exzentrische *f*	eccentric liner
Buchse, gehärtete *f*	hardened sleeve
Buchse, konische *f*	tapered collar
buchsenförmig	bushed
Bügel *(Transportsystem) m*	hook
Bügel *(zum Einspannen) m*	clamp
Bundbuchse *f*	collared bush
bündig abschließend	flush-mounted
Bypassbohrung *f*	bypass hole
Bypassventil *n*	short-circuit valve

C

C-Bügel *(Transportsystem) m*	C-hook
Cloudpoint *m*	cloudpoint
Common-Rail-Verfahren *n*	common-rail technique
Crash-Alarm *m*	collision avoidable capability
Crash-Warnung *f*	pre-crash sensor
CVT-Getriebe *n*	continuously variable transmission *(Autotronic)*
C / V Verbindung *f*	C / V joint

D

Dachspriegel *m*	car line
Dampf, brennbarer *m*	flammable vapour
Dampfentlastungsbohrungen *(Zylinderkopf) f pl*	cylinder head steam holes
Dämpfer-Drossel-Anschlag *m*	damper-throttle stop
Dämpferkugel *f*	lock-off ball
Dämpferregelung, elektronisch gesteuerte *f*	continuous damping control (CDC)
Dampfsperre *f*	vapour barrier
Dämpfungssystem, selektives *n*	adaptive damping system (ADS)
Dämpfungszylinder *m*	dashpot
Darstellung in auseinander gezogener Anordnung *f*	exploded view drawing (EVD)
Datei, eine ~ gezielt holen *f*	selectively load a file
Daten erfassen *pl*	log data
Daten, allgemeine technische *pl*	general technical data, technical specifications
Datenänderung *f*	change to data
Datenaustausch *m*	communication, dialog
Datenaustausch herstellen *m*	initiate communication
Datenaustauschnetz *n*	control area network (CAN)
Datenauswertung *f*	data analysis / evaluation
Datenblatt eines Fahrzeugs *n*	vehicle specification sheet
Datenerfassung *f*	data acquisition / logging
Datenerfassungsrechner *m*	data logging computer
Datenerfassungssystem *n*	data acquisition / logging system
Datenrücklauf *m*	data return
Datensatz *m*	record
Datenschutzschlüssel *m*	data protection key (DONGLE)
Datenträger *m*	data carrier / tag
Datenübertragung *f*	data transfer / transmission
Datenverarbeitung *f*	data processing, post processing of data
Datum der Inbetriebnahme *n*	commissioning date
Dauer einer Störung *f*	fault presence time
Dauerlaufprüfung *f*	endurance / fatigue test
Deckel, dreh- / schwenkbarer *m*	hinged cap
Deckelschraube *f*	cover bolt / screw
Deckelverschlussschraube *f*	cover plug
Defekt, augenfälligerer *m*	obvious defect
Dehndorn *m*	expansion plug
Dehnschraube *f*	torque-to-yield bolt
Dehnstoff *m*	compound
Dehnstoff-Schraubenbolzen *m*	studlock compound
Dehnungsmessstreifen (DMS) *m*	wire strain gauge
Dekodierwert eines Sensors *m*	sensor decoding value

Demontage *f*	disassembly, dismantling
Demontagevorrichtung für Einspritzventile *f*	injector dismantling jig
DeNOx-Katalysator *m*	DeNOx catalyst
Detailzeichnung *f*	detail drawing
Diagnoseanzeige *f*	diagnostic indicator light
Diagnosegerät *n*	diagnostic equipment
Diagnoseleitung *f*	diagnostic lead / line
Diagnosemenü *n*	diagnostic menu
Diagnoseplan *m*	fault diagnosis chart
Diagnoseprüfung, automatische *f*	automatic diagnostic test
Diagnosestecker *m*	diagnosis connector
Diagnoseverfahren, komplexes *n*	complex diagnostic procedure
Diagramm *n*	chart
Dialog *m*	communication, interaction
diametral entgegengesetzt	diametrically opposite
dicht	leak tight, non-leaking
Dichtadaptierplatte *f*	seal-match plate
Dichtigkeit eines Sitzes *f*	seat tightness
Dichtigkeitsprüfung *f*	(seal) leak test
Dichtmittel aufbringen *n*	apply sealant
Dichtmittel für Ölwannenmontage auf das Kurbelgehäuse auftragen *n*	sealant application on to the crankcase for oil pan assembly
Dichtmittel, anaerobes *n*	anaerobic sealant
Dichtmittel, viskoses *n*	viscous sealant
Dichtmittelapplikator *m*	sealant applicator
Dichtmittelauftrag *m*	sealant application
Dichtmitteleinheit *f*	sealing unit
Dichtmittelraupe *f*	sealing bead
Dichtnaht *f*	seal weld
Dichtplatte *f*	bolt pad, seal-match plate
Dichtring, verschweißter *m*	bonded-on sealing ring
Dichtscheibe *f*	sealing washer
Dichtschnur *f*	rope seal
Dichtung *f*	gasket, seal
Dichtung aus dem Motor herausblasen *f*	blow the sealant out of the engine
Dichtungsfeder *f*	seal spring
Dichtungsfläche *f*	gasket face
Dichtungslippe *f*	sealing lip
Dichtungsmuffe *f*	gland nut
Dichtungsschraube *f*	sealing plug
Dickenschwankung *(Bremsscheibe) f*	disc thickness variation (DTV)
Dicktenlehre *f*	feeler gauge
Diebstahlwarnanlage *f*	anti-theft alarm system
Diesel(öl) *n*	diesel fuel
Diesel, paraffinierter *m*	waxed diesel fuel
Dieselkraftstoff *m*	fuel oil
Dieselmotor, direkteinspritzender *m*	diesel engine with direct injection

Dieselmotor, hochtouriger *m*	high-speed diesel engine
Dieselruß *m*	diesel oil particles
Dieselsteuergerät *n*	diesel control unit (DCU)
Dieselverteilerleitung *f*	common rail
Dieselvorwärmer *m*	D-wax fuel heater
Differenzdruckventil *n*	differential pressure valve
Differenzdruckverfahren *n*	differential pressure method
dimensionieren	size
Dimensionierung *f*	rating
Direkteinspritzanlagen *f pl*	direct injection applications
Direkteinspritzung *f*	direct injection (DI)
Direkteinspritzung von Ladeluft (DELA) *f*	direct injection of charge air / exhaust gas
direkter Zugang *m*	direct access
Direktzugriffsspeicher *m*	random access memory (RAM)
Distanzscheibe *f*	spacer
Distronic *(Abstandsregelautomat Mercedes)*	adaptive cruise control (ACC)
Doppel(mikro)schalter, elektrischer *m*	twin electrical microswitch arrangement
Doppelfeld *n*	twin bay
Doppelfilter *m*	twin filter
Doppelkupplung *f*	twin clutch
Doppelpotentiometer *n*	twin-pack / two-track potentiometer
Doppelscheibe, schwimmend gelagerte *f*	twin floating disc
Doppeltaste *f*	twin palm operated button, two clamp palm push button
Doppeltopffilter *m*	twin bowl filter
Doppelversion *(eines Filters) f*	twin (bowl) version
Doppelwinkelventil *n*	double-angle valve type
Dorn *(Aufweit-, Richt-, Spann-, Ziehdorn) m*	mandrel arbor
Dosierdruck *m*	metering pressure
dosieren	meter
Dosierkreis *m*	metering circuit
Dosierung der Einspritzmenge, gleichmäßige *f*	uniform delivery of fuel
Dosierventil *n*	metering valve
Drahtfederklemme *f*	wire spring clip
Drahtlasche *f*	wire link
Drahtring *m*	wire ring
Drehachse *(Spindel) f*	pivot
drehbar	hinged
drehbar gelagert	pivoted
Dreheinheit für eine Montagegruppe *f*	turning unit for an assembly unit
Drehkugelring *m*	pivot ball collar
Drehkupplung *f*	rotating clutch
Drehmoment *n*	torque
Drehmoment(mess)aufnehmer *m*	torque transducer
Drehmomentabgleich *m*	torque adjustment
Drehmomentanforderung *f*	torque request

Drehmomentaufnahme *f*	torque reception
Drehmomentaufnehmer, zwischen Motor und Antriebsmotor geschalteter *m*	inline torque transducer between engine and drive motor
Drehmomentausgleich *m*	torque balance
Drehmomentbereich *m*	torque range
Drehmomentenschlüssel *m*	torque wrench
Drehmomentenschlüssel mit Einsteckwerkzeug *m*	torque wrench with socket
Drehmomentenschlüssel mit konstantem Drehmoment *m*	constant-torque wrench
Drehmomentfeder *f*	torque spring
drehmomentgesteuert	torque-controlled
Drehmomenthebel *m*	torque lever
Drehmomentkontrolle *f*	torque control
Drehmomentkurve *f*	torque signature
Drehmomentmesswelle *f*	load cell, torque measuring shaft / transducer
Drehmomentreaktionskraft *f*	torque reaction
Drehmomentstoß *m*	torque impulse, torsional impact
Drehmomentstütze *f*	torque converter bearing
Drehmomenttest *m*	torque test
Drehmomenttrimmer, zweistufiger *m*	two-stage torque trimmer
Drehmomentüberwachung *f*	torque monitoring
Drehmomentwandler *m*	torque converter
Drehstift *m*	operating peg
Drehstopfen *m*	pivot plug
Drehstromregler *m*	alternator regulator
Drehteil *n*	rotating component
Drehtisch *m*	rotary table, turntable
Drehturmspeicher *m*	revolving turret
Drehvorrichtung *f*	rotate facility
Drehzahl, konstante *f*	constant speed
Drehzahl, korrigierte *f*	revised speed
drehzahlabhängig	speed-dependent
Drehzahlanzeige *f*	speed reading
Drehzahlaufnahme *f*	speed consumption
Drehzahlbereich *m*	speed range
Drehzahleinstellung *f*	speed setting
drehzahlgesteuert	speed-controlled
Drehzahlgrenze *f*	speed limit
Drehzahlregelung *f*	throttle demand governing
Drehzahlregler *m*	speed governor
Drehzahlring einer Pumpe *m*	pump timing ring
Drehzahlschwankung *f*	variation in the speed
Drehzahlsensor *m*	speed sensor
Drehzahl „vorgang“ *m* *(Punkt, an dem ein Pumpen- oder Motordrehzahlsignal zur DCU gesendet wird)*	speed ‘event’ *(point at which a pump or engine speed signal is passed to the DCU)*

Drehzahlwert *m*	engine speed reading
Drehzapfen *m*	pivot, spigot
Drehzapfenkragen *m*	pivot ball collar
Dreiarmflansch *m*	three-legged flange
Dreieckslenker *m*	wishbone
Dreifachkettenband *n*	triple chain conveyor
Dreifachschrauber *m*	three-spindle-nutrunner
Dreikant-Hohlschaber *m*	triangular scraper
dreiteilig *(Schaltschrank)*	three-bay
Drossel *f*	restrictor, throttle
Drosselklappe *f*	butterfly (valve), throttle valve / butterfly
Drosselklappenstutzen *m*	throttle housing
Druck am Prüfgerät *m*	pressure gauge reading
Druck aufbauen *m*	build up / increase pressure, pressurize
Druck bestimmen *m*	establish pressure
Druck, gemäßigter *m*	moderate pressure
Druck im Einlasskrümmer *m*	intake manifold pressure
Druck im Saugrohr *m*	inlet manifold pressure
Druck in der Kraftstoffleitung *m*	fuel-feed pressure
Druck, mit ~ beaufschlagen *m*	apply pressure, be subjected to pressure, supply pressure, pressurize
Druckabfall *m*	pressure decay / decrease / drop
Druckabfallprüfgerät *n*	pressure decay tester
Druckabfallverfahren *n*	pressure decay technique
Druckänderung *f*	pressure change
Druckanstieg *m*	pressure increase
Druckanzeige *f*	(displayed) pressure reading
Druckaufbau *m*	pressure buildup / increase, pressurizing sequence
Druckbolzen *m*	thrust pin
Drücken, manuelles ~ des HVA während des Ausbaus *n*	push the HLA during disassembly
druckentlastet	vented to atmosphere
Druckerhöhungsventil *n*	pressure boost valve
Druckerinformation *f*	printer message
Druckerkabel überprüfen *n*	check the printer cable
druckerzeugend	pressurizing
Druckfeder *f*	compression / return spring
Druckfläche *f*	pressure face
Druckhulse *f*	thrust sleeve
Druckkolben *m*	plunger
Drucklager *n*	thrust bearing
Druckluft, ölfreie *f*	oil-free compressed air
Druckluftanschluss *m*	compressed air connection
Druckluftaufbereitung *f*	compressed-air conditioning (unit)
Druckluftverbindung *f*	compressed-air piping
Druckmesser *m*	pressure gauge

Druckmessung *f*	pressure test
Druckminderventil, direkt gesteuertes *n*	directly controlled pressure reducing valve
Druckmittelwandler *m*	pressure intensifier
Druckplatte *f*	thrust plate
Druckplatteneinheit, zweiteilige *f*	split torque cover assembly
Druckprotokoll *n*	printer logging
Druckprüfgerät *n*	pressure tester
Druckreduzierklappe *f*	explosion relief valve
Druckregler einstellen *m*	adjust a pressure regulator
Druckregler *m*	pressure controller / regulator
Druckring *m*	thrust collar / washer
Druckrücklauf *m*	pressure leak-back
Druckschalter der Klimaanlage *m*	air-conditioning pressure switch
Druckscheibe *f*	thrust washer
Druckstück *(Zahnstangenlenkung) n*	socket, (rack) yoke
Druckstück-Ritzeldeckel *m*	yoke pinion cover
Drucktasten *f pl*	keypad
Druckübersetzer *m*	pressure intensifier
Druckumlauf *m*	forced feed
Druckumsteuerventil *n*	pressure reversing valve
Druckunterlage *f*	bolt pad
Druckventil *n*	delivery valve
Druckverlust *m*	pressure loss
Druckvorrichtung *f*	compression tool
Druckzuführung *f*	pressure feed
Duplexscheibe *(Bremse) f*	twin floating disc
Durchbiegung *(Deflektion)* des Antriebsriemens *f*	drive belt deflection
durchdrehen *(Motor)*	crank
Durchdrehen eines Antriebsrades *n*	drive wheel is spinning
Durchfluss verhält sich entgegengesetzt proportional zum Druck *m*	opposite and proportional ratio of flow and pressure
Durchflussanlage *f*	flow-through station
Durchflusskühlsystem *n*	flow-through cooling system
Durchflussmenge Istwert *f*	flow actually measured
Durchflussmenge Sollwert *f*	flow required
Durchflussmessgerät *n*	flow meter
Durchflussmessung *f*	flow measurement / metering
durchführen	pass through
Durchführen von mehreren Stopp-Start-Zyklen *n*	running through the start-stop cycles several times
durchführen, eine Prüfung *f*	run a test
Durchgang eines Kabels *m*	continuity of a wire
Durchgangsprüfung *f*	continuity test
Durchgangsventil *n*	two-way valve
Durchgehen des Motors *n*	engine runaway
Durchlass *m*	passage

Durchsatzrate *f*	throughput rate
Durchschaltzeit von Signalen *f*	response time for signals
Durchschnittsverteilung bei der Einspritzung *f*	averaged injection images and data
Durchschnittswert eines Steuersignals *m*	average strength of the current supplied
Durchspülung *f*	backflush
Durchsteckbohrung *f*	clearance hole
durchtakten, einen Rundtisch *m*	index a rotary table
Durchzugskraft *f* / -vermögen *n*	torque, traction (power)
Durchzugsvermögen *n*	traction power
Düse *f*	nozzle, jet *(AE)*
Düse, fehlerhafte *f*	unsatisfactory nozzle
Düsenführung *f*	nozzle guide
Düsenhalter *m*	nozzle holder
Düsenloch *n*	feed hole
Düsennadelhub *m*	injector needle lift
Düsenschaft *m*	nozzle stem
Düsenstock *m*	injector assembly
Düsenstock, mit Nadelhubsensor bestückter *m*	instrumented injector assembly
dynamische Stabilitätskontrolle (DSC) *f*	dynamic stability control (DSC)
dynamisches Fahrlicht / Kurvenlicht *n*	adaptive forward lighting (AFL)

E

E / A-Verdrahtung *f*	I / O wiring
Echtzeitstatus des Getriebes *m*	real-time transmission status
Eckumlenkung *(Transportsystem) f*	reversing unit
EGR Ansteuerungssignal *n*	EGR instruction signal
EGR Magnetventil *n*	EGR solenoid valve
EGR Ventil *n*	EGR solenoid
EHB Träger *m*	J-bar carrier
Eigenschaft, thixotrope *f*	thixotropic property
eigensicher	inherently safe
Eigenvolumen *n*	internal volume
Ein- / Aus-Intervall *n*	on / off period
ein-ausgaben-bezogen	physical
Einbau, falscher *m*	incorrect fitment
einbauen	assembly
Einbaugehäuse *n*	enclosure
Einbauhöhe *f*	mounting height
Einbaulage *f*	(assembly / fitting) location / position
Einbauplatte *f*	mount plate
Einbauplatz *m*	plug-in station
Einbauposition *f*	location, positional fit
Einbausatz *m*	installation kit
Einbauteil *n*	built-in component
Einbautiefe *f*	mounting depth
Einbauzeichnung *f*	installation drawing
Einbrennlackierung *f*	stove painting
Einengung *(von Rohren) f*	restriction
einfach einzupassen	easy to bed
Einfach(mikro)schalter, elektrischer *m*	single electrical microswitch arrangement
Einfachfilterkopf *m*	single filter head
Einfachtopffilter *m*	single bowl filter
Einfachversion eines Filtertopfes *f*	single bowl version
Einfrieren von Daten auf den Standardwerten *n*	lock data at their default values
einführen, einen Schlüssel *m*	insert a key into
Einführungszeit eines Produkts *f*	lead time of a product
Einfülldeckel *m*	filler cap
Einfüllstutzen *m*	filler neck
Einfüllstutzen des Kühlers *m*	radiator inlet port
Eingabeaufforderung *f*	prompt
Eingangs- / Ausgangs-Verdrahtung *f*	input-output wiring
Eingangsantrieb *m*	input motoring device

Eingangskanal *m*	input channel
Eingangssignal *.n.*	input signal
eingearbeitet	machined
eingebaut, federseitig	be built into the spring side
eingeben, ein Programm *n*	enter a program
eingehende Strecke *(Transportsystem) f*	incoming track
eingekuppelt	engaged
eingepasst in	be mated to
eingepasst, spielfrei	fit tightly
eingerastet	engaged
eingeschlossen	trapped
eingespannt	constrained
eingrenzen, einen Fehler *m*	localize a fault
Eingriff in den Motorbetrieb *m*	snatching
Eingriff, unbefugter *m*	tampering
einhängen *(in eine Aufnahmevorrichtung)*	nest into
Einheit bilden *f*	form a 'mated' assembly
Einheit, technische *f*	engineering unit
Einheitenbedienfeld (EBF) *n*	equipment station panel
Einheitenzähler *m*	mission counter
einkuppeln	release the pedal, throw in gear
Einlass des Prüflings *m*	inlet of the test piece
Einlassanlage *f*	inlet system
Einlassanschluss *m*	inlet connector / port
Einlassanschluss eines Filters *m*	inlet port of a filter
Einlassdrosselklappe *f*	intake air throttle
Einlassdruck *m*	intake pressure
Einlassdrucktest *(Zylinderkopf) m*	intake test
Einlasskrümmer *m*	intake manifold
Einlasstakt *m*	inlet / intake stroke
Einlegehöhe *f*	feeding / loading height
Einlegen des Ganges *n*	gear engagement
Einparkassistent *m* / -hilfe *f (Parktronic f, Park-Pilot m)*	park aid, park distance control (PDC)
Einpassen *n*	bedding process
Einpressen *n*	pressing
Einpresspistole *f*	insert gun
einrasten	latch
einregeln	settle
Einrichtbetrieb *m*	manual or test mode, setting-up mode
einrichten	install
Einrückgabel *f*	actuating fork
Einsatz eines Filters *m*	filter unit
Einsatz eines Steuersignals *m*	application of a control signal
Einsatz in der Produktion *m*	production application(s)
Einsatz in Forschung und Entwicklung *m*	engineering application(s)
einschalten *(in einen Stromkreis)*	cut in

Einschaltpunkt *m*	on-value
Einscheibenkupplung mit Druckplatte, die intern auf Zug arbeitet *f*	single pull clutch
Einschienenhängebahn (EHB) *f*	monorail conveyor / system
Einschienenladestation *f*	monorail loading station
Einschleuseinheit *f*	inlet unit
Einschleusen des Motorblocks *n*	block loading system
einschleusen, einen Motor in den Prüfstand *m*	load an engine into the test stand
Einschraubpistole *f*	insert gun
Einsetzen eines Prüf- / Standardwertes *n*	use a default value
Einsetzstange *f*	tommy (bar)
Einspritzanlage / -ausrüstung *f*	fuel injection equipment (FIE)
Einspritzbeginn *m*	commencement of injection
Einspritzdruck *m*	injection pressure
Einspritzdüsenbohrung *f*	injector bore
Einspritzleitung *f*	injector pipe
Einspritzloch *n*	injection / spray hole
Einspritzmenge *f*	(fuel) delivery, injection rate
Einspritzmenge bei Blaurauchkorrektur *f*	smoke correction delivery
Einspritzmenge bei Volllastdrehzahl *f*	high-speed delivery
Einspritzmenge unter Vollast *f*	full-load delivery
Einspritzmenge, schwankende *f*	unbalanced delivery
Einspritzpumpe, elektronisch gesteuerte *f*	electronically controlled injection pump
Einspritzpumpentest *m*	fuel pump test
Einspritzrohr *n*	injector pipe
Einspritzsensor *m*	injection sensor
Einspritzsystem, numerisches *n*	numeric injection system
Einspritzung, direkte *f*	direct injection (DI)
Einspritzung, indirekte *f*	indirect injection (IDI)
Einspritzung von Flüssigkeit *f*	injection of fluid
Einspritzventil *n*	injector
Einspritzventil ansteuern *n*	select an injector
Einspritzventil mit Ausgleichsscheiben *n*	shim-adjusted injector
Einspritzventil mit Einstellschraube *n*	screw-adjusted injector
Einspritzventil mit oberer Feder *n*	high-spring injector
Einspritzventil mit überlappter Lochdüse *n*	injector fitted with a valve-covered-orifice (VCO) nozzle, VCO injector type
Einspritzventil mit unterer Feder *n*	low-spring injector
Einspritzventil, überholtes *n*	serviced injector
Einspritzventil, verkabeltes *n*	wire-instrumented injector
Einspritzventil, zu prüfendes *n*	injector on test
Einspritzventil, zweistufiges *n*	two-stage injector
Einspritzventilblock *m*	injector mounting block
Einspritzventil-Dichtring *m*	injector seal
Einspritzventilfeder *f*	injector spring
Einspritzventilhalter *m*	injector holder

Einspritzventilstutzen *m*	injector input union
Einspritzvorgänge identisch gestalten *m pl*	equalize each injection cycle
Einspritzzeitpunkt *m*	fuel injection timing, point at which injection commences, point of injection
Einspritzzeitpunkt festlegen *m*	adjust the point of injection, control the point at which injection commences
Einspritzzeitpunkt progressiv verstellen *m*	progressively advance the point of injection
Einspritzzyklus *m*	injection cycle
Einsteigermodell *n*	entry-level model
Einstellarbeiten am Motor *f pl*	tune-up procedure
Einstelldorn *m*	adjusting mandrel
einstellen	adjust, set
Einstellen der dynamischen Verstellung *n*	dynamic timing adjustment
Einstellen der Einspritzmenge *n*	fuel delivery setting
einstellen entsprechend der Spezifikation *f*	set initially to specification
Einsteller *(Lenkgetriebe) m*	yoke adjuster
Einstellfeder *f*	retard spring
Einstellkarte *f*	adjustment board
Einstellmechanismus für die Kraftstoffmenge *m*	delivery adjustment mechanism
Einstellmeister *m*	setting gauge
Einstellöffnung *f*	timing hole
Einstellprogramm *n*	setting plan
Einstellring *m*	adjusting ring
Einstellscheibe *f*	shim
Einstellscheibenstärke *f*	shim thickness
Einstellschraube *f*	adjuster plug, adjusting / alignment / control screw
Einstellschraube Höchstkraftstoffmenge *f*	maximum fuel screw
Einstellspindel *f*	adjusting spindle
Einstellstift *m*	timing peg
Einstellstopfen *m*	timing plug
Einstellung *f*	adjustment, setting
Einstellung des Stall-Anschlags *f*	anti-stall stop setting
Einstellung der Einspritzpumpe *f*	(fuel) injection pump timing
Einstellung des Abregeldrehzahlanschlags *f*	maximum speed stop setting
Einstellung des Leerlaufs *f*	idling speed instruction
Einstellung des Spritzverstellers mittels Einstellstift *f*	internal peg timing
Einstellung des Spritzzeitpunkts *f*	adjustment of commencement of injection
Einstellung des Vergasers *f*	carburettor tuning
Einstellung Motor – Pumpe *f*	pump is timed on the engine
Einstellung von Ausgangsbedingungen *f*	initial set up
Einstellungen des Prüfstands *f pl*	setting-up of the test bench
Einstellungsfehler *m*	misalignment
Einstellverfahren *n*	setting procedure, timing method
Einstellvorrichtung *f*	setting outfit

Einstellwerte *m pl*	settings
Einzelanschluss *m*	single port
Einzeleinspritzverteilung *f*	single injection images and data
Einzelpunktaufnahme *f*	one-time fixturing
Einzelradaufhängung *f*	independent (rear / front) suspension
Einzelteile *n pl*	component parts
Einzelteilzeichnung *f*	detail drawing
Elchtest *m*	moose test
elektrisch ansteuern	control / operate electrically
elektrische Servolenkung *f*	electric power steering (EPS)
Elektrode, kurzgeschlossene *f*	electrode short-circuit
Elektrodenabstand *m*	electrode / spark plug gap
elektromagnetische Kraft (EMK) *f*	electromagnetic force (EMF)
elektromagnetische Verträglichkeit (EMV) *f*	electromagnetic compatibility (EMC)
elektromagnetisches Spritzverstellerventil *n*	advance / injection timing solenoid valve
Elektromotorstellantrieb *m*	force motor actuator
Elektronik, empfindliche *f*	sensitive electronic devices
Elektronikarchitektur mit standardisierten Schnittstellen und gemeinsamer Softwarestruktur *f*	automotive open systems architecture (Autosar)
Elektronikeinheit *f*	electronic unit
Elektronikelement *n*	electronic unit
elektronisch geregelt	electronically controlled
elektronisch geregelte Traktionskontrolle *f*	electronic traction control (ETC)
elektronisch gesteuert	electronically operated
elektronisch gesteuerte Dämpferregelung *f*	continuous damping control (CDC)
elektronische Dieselregelung *f*	electronic diesel control (EDC)
elektronische Motorsteuerung (EMS) *f*	electronic engine control / management
elektronische Schaltung *f*	electronic circuit
elektronische Steuerung *f*	electronic control
elektronische Zündung (EZ) *f*	electronic spark advance
elektronisches Stabilitätsprogramm (ESP) *n*	electronically controlled stability program
Elektroschaltplan *m*	electrical schematic
Elektroschrauber *m*	nutrunner
Elektrozüge *m pl*	electrical hoists
Element mit hohem Berstdruck *n*	high bursting pressure element
Element zur Messung am Motor *n*	probe
Emissionsmanagement *n*	emission management system
empfindlich gegen	sensitive / susceptible to
Empfindlichkeit gegen Beschädigung *f*	vulnerability to damage
Endbuchse *f*	top bush
Endfilter *m*	final filter
Endfunktionstest *m*	end-of-line test (EOL)
Endgestell *n*	supporting rack
Endlage *f*	limiting position
Endlage der Spritzverstellung *f*	maximum advance
Endlage des Nockenrings *f*	maximum cam position

Endmontage *f*	button-up *(AE)* / final dress assembly
Endmontagebereich *m*	finishing section
Endplatte *f*	end plate
Endstück *n*	end fitting
Endstufe Vorglühen *f*	pre-heating final stage
Endverschlussschraube eines Kolbens *f*	piston end advance plug
Energiemanagement *n*	energy management system
Energiespeicherung *f*	energy storage
Energieumwandlung *f*	energy conversion
Energieverlust *m*	dissipation of energy
entgegengesetzt	diametral
entgegengesetzt proportional	opposite and proportional
Entkoppelung von Schwingungen *f*	vibration suppression
Entladestation *f*	unloading station
Entladetiefe *(Batterie) f*	depth of discharge (DOD)
Entladungsmesser *m*	discharge tester
Entlastung *f*	release
Entlastungsanschluss *m*	relief connection
Entlastungsstutzen *m*	unloading collar
Entlastungsventil *n*	auxiliary valve
Entleeren *n*	draining, siphoning
entlüften, ein Niederdrucksystem *n*	prime a low-pressure system
entlüften, ein Prüfteil *n*	vent a test part
entlüften, eine Bremse *f*	bleed a brake
entlüften, einen Filter *m*	vent a filter
Entlüftung *f*	bleeding, venting
Entlüftung, permanente *f*	permanent bleeding
Entlüftungsaggregat, einfaches *n*	easy vent kit
Entlüftungsleitung *f*	vent pipe
Entlüftungsventil *n*	bleed valve
Entlüftungsvorrichtung *f*	pressure bleed kit
Entnahme *(Dampf, Wasser) f*	bleeding, tapping
Entnahme *(Probe) f*	sampling
Entnahmemöglichkeit *(Transportsystem) f*	unloading station
Entnahmestellung *f*	discharge position
entpacken, eine Datei *f*	extract / inflate a file
entriegeln, einen Messanschluss *m*	unclamp a sensor
Entriegelungshebel *m*	release lever
Entsorgung *f*	draining, extraction
Entwicklung von Blaurauch *f*	black smoke emission
Entwicklung, Fertigung, Versand, Überwachung des Aufbaus, Inbetriebnahme eines Prüfstands *f*	design, manufacture, dispatch, supervision of installation, commissioning of a test stand
Entwicklungsprüfstand *m*	development test stand
Erdschluss *m*	short-to-ground
Erdungsanschluss am Fahrzeugaufbau *m*	earth-to-vehicle-body connector / terminal
erfassen *(fühlen)*	sense

erfassen durch eine Kamera *f*	capture by a camera
erfassen, Daten *pl*	log data / readings
erfassen, einen Fehler *m*	detect a defect
Erfassen von Getriebedaten *n*	tracking of transmission
Erfassen von Kenndaten *n*	indexing
Erfassungsgerät, mechanisches *n*	mechanical collection patternator
ergänzen, eine Graphik *f*	apply to a graph
Ergebnisdatei *f*	result file
erhöhte Nase *f*	raised lug
erkennen	detect, identify
Erkennungssystem, optisches *n*	vision system
erleichtern, den Start *m*	assist / facilitate starting
ermitteln, einen Fehler *m*	detect a fault
Ermittlung der Varianten *f*	variant sensing
Ermittlung des Schleppmoments *f*	drag torque test
Ermittlung einer Spannungsspitze *f*	voltage peak detection
erneuern, ein Teil *n*	renew / replace a component
erneut prüfen	retest
erneut vornehmen, Messungen *f pl*	retake readings
Ersatzparameter *m*	substituting parameter
Ersatzsicherung *f*	spare fuse
Ersatzteilliste *f*	spares list
Ersatzwert *m*	replacement / substitute value
Erstauslegung *f*	initial design
Erstausrüster *m*	original equipment manufacturer (OEM)
Erstausrüstung *f*	original equipment
Erstbeölung *f*	initial oil fill
Erstinstallierung *f*	initial installation
Erstparametrierung *f*	initial parameterization
Erstreinigung *f*	initial cleaning
Erstversand *m*	initial shipment
erzeugen, ein Ansteuersignal *n*	create a timing request
Etagenband *(Transportsystem) n*	two-level conveyor
Etikettierung *(zum maschinellen Lesen) f*	tagging
Europäische Direktive für die Sicherheit von Maschinen und Ausrüstungen *f*	European Machinery Safety Directive
Expansionsventil *n*	expansion valve
Ex-Schutzbereich *m*	hazardous area
extern	offline
extrem *(Bedingung)*	severest, worst

F

fabrikfertig	factory-sealed
Fahrassistenzsystem *n*	adaptive cruise control (ACC)
Fahrdynamikregelung (ESP) *f*	dynamic stability control (DSC), vehicle stability control (VSC)
Fahrdynamikregelung *(Porsche) f*	Porsche stability management (PAM)
Fahrdynamiksystem *n*	stability and traction control system
Fahren via Datenleitung *n*	drive-by-wire
Fahrerseite *f*	offside
Fahrgestellerdung *f*	chassis ground
Fahrkomfort *m*	driving convenience
Fahrkomfortfunktionen *f pl*	functions designed to make driving the vehicle more agreeable
Fahrlicht, dynamisches *n*	adaptive forward lighting (AFL)
Fahrpedal *n*	accelerator pedal
Fahrpedal betätigt *n*	pedal depressed
Fahrpedal nicht betätigt *n*	pedal released position
Fahrpedalschalter *m*	pedal switch
Fahrpedalstellung *f*	accelerator / pedal position
Fahrverhalten *n*	driveability, driving comfort, vehicle handling
Fahrvermögen, beeinträchtigtes *n*	impaired driveability
Fahrwerkelektronik *f*	body electronics
Fahrwerkmodul *n*	chassis module
Fahrzeughersteller *m*	vehicle manufacturer
Fahrzeug, leistungsfähigeres *n*	more powerful vehicle
Fahrzeug mit Benzinmotor *n*	petrol variant
Fahrzeug mit hohem Kilometerstand *n*	high mileage vehicle
Fahrzeugkarosserie *f*	vehicle body
Fahrzeugverhalten, fehlerhaftes *n*	erratic behaviour of the vehicle
Fallkraftstoff-Entlüftungsventil *n*	gravity vent valve
Fallkraftstoffanlage *f*	gravity feed system
falsch montiert	incorrectly fitted
falsche Anpassung *f*	mismatch
Faltenbalg *m*	bellows
„Familienkutsche" *f*	family saloon
Farbkennzeichnung *f*	colour coding
Farbmarkierung *f*	dab of paint
Fase, genaue *f*	accurate chamfer
Faseroptik-Beleuchtung *f*	fibre optic lighting
Feder, Einspritzventil mit oberer *f*	high-spring injector
Feder, Einspritzventil mit unterer *f*	low-spring injector
Feder, vorgespannte *f*	pre-load spring
Federanschlag *m*	spring stop
Federauflage *f*	spring seat pad

Federbein *n*	shock-absorbing strut
federbelastet	spring-loaded
Federführung *f*	spring guide
Federkontaktstift *m*	pogo pin
Federleiste *f*	female connector, multipoint clip
Federn mit unterschiedlicher Wirkung *f pl*	springs of different rates
Federring *m*	lock(ing) / spring washer
Federscheibe *f*	spring plate
Federschenkel *m*	spring leg
federseitig eingebaut	be built into the spring side
Federsitz *m*	spring cup / seat
Federstift *m*	spring pin
Feder„stoß“ *m*	spring 'surge'
Federteller *m*	spring cap / plate / retainer
Federungs- und Dämpfungssystem, aktives *(vom Computer gesteuert) n*	active body control (ABC)
Federverschluss *m*	spring end stop
federzentrierte Kupplungsscheibe *f*	sprung centred drive plate
Fehler *m*	error, fault, defect
Fehler an der Pumpe *m*	fault with the pump
Fehler beheben *m pl*	rectify / remedy faults
Fehler durch Anzeige von Variablen bestätigen *m*	confirm a fault by displaying variables
Fehler erfassen *m pl*	detect faults
Fehler im Speicher aufzeichnen *m*	record a fault on the memory
Fehler sind noch vorhanden / liegen weiterhin an *m pl*	faults persist
Fehler, aktueller *m*	current fault
Fehler, angenommener *m*	alleged fault
Fehler, geringfügiger *m*	less serious fault
Fehler, grober *m*	gross fault
Fehler, größerer *m*	major fault
Fehler, historischer *m*	historical fault
Fehler, hydraulischer *m*	hydraulic fault
Fehler, kleinerer *m*	minor fault
Fehler, mechanischer *m*	mechanical fault
Fehler, schwerwiegender *m*	serious fault
Fehler, verriegelter *m*	latched fault
Fehleranzeige *f*	error display
Fehlerart *f*	failure mode
Fehlerbeseitigung *f*	rectification procedure
Fehlerbestimmung *f*	fault finding
Fehlercode aufheben / löschen *m*	clear a fault code
Fehlercode drucken *m*	print a fault code
Fehlercode lesen *m*	read a fault code
Fehlercode speichern *m*	store a fault code
Fehlercode, echter *m*	genuine fault code

Fehlerdauer *f*	fault presence time
Fehlerdiagnose *f*	fault diagnosis
Fehlerdiagnosesystem *n*	fault detection system
Fehlererkennung *f*	fault detection
Fehlerermittlung, reduzierte *f*	reduced capability to detect faults
fehlerfrei	non-faulty
fehlerhaft	faulty, defective, incorrect, non-conforming
fehlerhafte Anschlüsse liegen vor *m pl*	connection system is at fault
Fehlerhäufigkeit *f*	defect / error frequency
Fehlerkorrektursystem *n*	error correction system
Fehlerleitungen *f pl*	error cables
Fehlermöglichkeits- und Einflussanalyse (FMEA) *f*	failure modes and effects analysis (FMEA)
Fehlernachweis *m*	fault detection
Fehlerspeicher *m*	error memory
Fehlerstrom *m*	fault / leakage current
Fehlersuche am Fahrzeug *f*	fault-finding sequence on the vehicle equipment
Fehlersuche *f*	diagnostic operation, fault-finding sequence / procedure, fault localization, troubleshouting,
Fehlersuche und -korrektur *(in Computerprogrammen oder Software) f*	debugging
Fehlerursachen, zuweisbare *f pl*	assignable causes
fehlerverdächtiges Teil *n*	suspect component
Fehlerwahrscheinlichkeit *f*	error probability
Fehlerzähler *m*	error counter
Fehlfunktion *f*	erratic operation, malfunction
Fehlkonstruktion *f*	faulty design
fein abgestimmt	finely mated
Feinanzeige *f*	fine-reading pointer
Feineinstellung *f*	fine tuning
Feinfilter *m*	fine gauze
Fensterheber *m*	window lifter
Fernbedienung einer Tür *f*	door remote control
ferngesteuertes Transportsystem (FTS) *n*	driverless vehicle
Fertigmontage *f*	final (dress) assembly
Fertigmontagebereich *m*	final assembly area
Fertigteil *n*	final product
Fertigung unabhängig von Losgrößen *f*	manufacture / production on a random basis
Fertigungsanlage *f*	production system
Fertigungsbereich *m*	machining area
Fertigungslinie für Motoren *f*	engine line
Fertigungsnummer *f*	engineering number
Fertigungsparameter *m*	machining parameter
Fertigungsprozess *m*	build process
Fertigungsstätte *f*	manufacturing site
Fertigungsstraße *f*	production line

Fertigungstechnik *f*	component manufacturing, manufacturing equipment
Festanschlag *m*	dead stop, stop block
Festanschläge, gedämpfte *m pl*	cushioned stops
Festbremsdrehzahl *f*	stall speed
Festfressen von Pumpen *n*	pump seizure
festhalten *(Fakten)*	note
Festkörperaggregat *n*	solid-state unit
Festkörperrelais *n*	solid-state relay
festlegen, den Einspritzzeitpunkt *m*	control the point at which injection commences
festlegen, genau	control precisely
festlegen, Parameter *m pl*	set up parameters
Festplatte *f*	hard disk
Festpunkt bei Montage *m*	locating point for installation
Festpunkt einer Auswertung *m*	reference point of evaluation
Festpunkt einer Instrumentenskala *m*	fixed point of a scale
festsitzend *(Einspritzventil)*	stubborn
Festspeicher, elektrisch löschbarer und programmierbarer (EEPROM) *m*	electrically erasable programmable read-only memory (EEPROM)
Feststellbremse *f*	park(ing) brake
Feststeller *m*	immobilizer, retainer
Feststellschraube *f*	grub / retaining screw
fest verdrahtet	hardwire
Fett-Dichtring *m*	grease retainer
Filter, langlebiger *m*	long life filter
Filter, verstopfter *m*	clogged filter
Filteranschluss *m*	filter port
Filterbett *n*	filter base
Filterdurchfluss, einfacher *m*	series fuel flow
Filterdurchfluss, paralleler *m*	parallel fuel flow
Filtereinsatz *m*	filter element / unit
Filterentlüftung *f*	filter bleed
Filter-Filzscheibe *f*	filter silencer
Filterhalter *m*	filter holder
Filterkombination *f*	agglomerator
Filterkopf mit Filterdurchfluss *m*	filter flow type head
Filtersieb *n*	filter screen
Filtertopf *m*	bowl of a filter
Filterung *f*	filtration
Filterverstopfungstemperatur *f*	cold filter plugging point (CFPP)
Filter-Wasserabscheider, kombinierter *m*	agglomerator
Filterwechsel *m*	filter change
Filterwechselintervall *n*	filter change period
Filzscheibe *f*	silencer
Fixierung der Ankerplatte, offene *f*	locating fork of the anchor plate
Fixpunkt *m*	breakpoint

flach	flat, shallow
Flachdichtring *m*	seal quad-ring
Flachdichtung *f*	flat gasket
Flächen, zusammentreffende *f pl*	mating surfaces
Flachglastopf eines Filters *m*	shallow glass bowl of a filter
Flachringdichtung *f*	face sealing fitting
Flamme, offene *f*	naked flame
Flammstartanlage *f*	flamestart system
Flankenspiel *n*	backlash
Flansch *m*	flange, shoulder
flanschbefestigt	flange-mounted
Flanschbefestigung *f*	flange-mounting
Fliehkraftregelung *f*	mechanical governor mechanism
Fliehkraftregler, mechanischer *m*	mechanical centrifugal governor
Fliehkraftverstellung *(Zündung) f*	mechanical advance
Fließfertigung *f*	assembly line production
Fließmontage *f*	flow / short block assembly
Flotte im Verkehr rollender Fahrzeuge, die ihre Bewegungsdaten ständig an eine Zentrale melden *f*	floating car data (FCC)
Flügel *m*	blade, vane
Flügel(zellen)pumpe *f*	vane pump
Flügelschraube *f*	tommy bar operated screw
flusenfrei *(Tuch)*	non-fluffy
Flüssigkeitsbehälter *m*	fluid reservoir
Flüssigkeitsrückstände im Prüfbereich *m pl*	spillages of fluids in the test area
Flüssigkeitsstandregler *m*	altitude valve
Fluteinrichtung *(beim Lecktest) f*	filling unit
Folgen, schwerwiegende *f pl*	fatal results
Förderdruck *m*	feed / pumping pressure
Förderhöhe *f*	suction head
Förderhub *m*	pumping stroke
Förderkanal *m*	delivery port
Förderleistung *f*	delivery output
Fördermenge *f*	delivery
Fördermenge einer Pumpe *f*	pump delivery level
Fördermenge unter Volllast *f*	full-load delivery
Förderpumpe *f*	feed pump
Förderstörung im Kraftstoffleitungssystem durch Dampfblasenbildung *f*	vapour lock effect
Fördersystem *n*	conveyor system
Formänderung *f*	deformation, change of shape
Formgummidichtung *f*	grommet
formschlüssig	positive
Formstempel *m*	puncher
Fortschreibungslauf *m*	update run

freigängig	move freely
Freigängigkeit *f*	freeness of movement
freigeben	clear, release
freitragend *(nicht oder ungelagert)*	unsupported, self-contained
Fremdspannung *f*	external voltage (VEXT)
Friktionsantrieb *(Transportsystem) m*	power and free system
Frischluftfilter *m*	cabin filter
Frischölversorgung *f*	fresh oil supply
Frontalaufprallsensor *m*	forward detection sensor
Frontgehäuse *n*	front housing
Frontplatte *f*	front panel
Frühzündung einstellen *f*	advance the timing of ignition
Fühlkolben *m*	plunger
Fühlscheibe *f*	disc ratio
Führung *(Transportsystem) f*	spur
Führung *f*	guide, shut-off bar
Führungsbolzen *m*	locating stud
Führungsdorn *m*	locating pin, pilot bar
Führungshülse *f*	guide dowel
Führungsring *m*	guide bush
Führungsstange *f*	slider bar
Führungsstift *m*	guide dowel / pin / tube, locating tag
Führungsstift, zylindrischer *m*	plain indicator locating pin
Führungszapfen *m*	locating peg
Füllbohrung *f*	priming port
Fülldruck *m*	filling pressure
Füllen einer Pumpe *n*	priming of a pump
Füllmanschette *f*	recuperating seal
Füllöffnung *f*	fill(ing) port
Füllscheibe *f*	washer
Füllstutzen *m*	filler cap / neck
Füllstutzen, erhöhter *m*	raised filler neck
Füllstutzenöffnung *f*	filler cap hole
Füllung eines Zylinders *f*	cylinder charge
Füllventil *n*	feed valve
Füllvolumen *n*	capacity
Füllvorgang *(Pumpe) m*	charging cycle
Füllvorgang *m*	filling cycle
Fünfgang-Getriebe *n*	five-speed gearbox / transmission
Fünfgang-Tiptronic *f, (kurzes Antippen des Wählhebels)*	five-speed tiptronic
Funke, elektrischer *m*	electrical spark
Funktion ändern *f*	change a mode
Funktion auslösen *f*	engage a mode
Funktion eingeben *f*	enter a mode
Funktion unterbrechen *f*	disengage a mode

Funktion zuschalten *f*	engage a mode
Funktion, die Neigung des Fahrzeugs und elektronische Lenkung kontrolliert *f*	dynamic drive function
Funktion, optionale *f*	optional function
Funktion, sicherheitsrelevante *f*	vital function
Funktionalität *f*	integrity, correct operation
funktionieren, einwandfrei	operate smoothly
Funktionsbeschreibung *f*	description of operation
Funktionserprobung *f*	operational test
Funktionsprüfung *f*	function overcheck / test, performance test
funktionssicher	fail-safe
Funktionsstörung *f*	malfunction
Funktionstest eines Magnetschalters *m*	solenoid continuity test
Funktionstüchtigkeit *f*	integrity, satisfactory performance
funktionsunfähig machen	render inoperative
Funktionsweise *f*	(principle of) operation
Füße, schwingungsdämpfende *m pl*	vibration reducing legs
fusselfrei *(Tuch)*	lint-free, non-fluffy
Fußschalter *m*	foot switch

G

Gabelkopf *m*	clevis
Galgen *m*	bracket
Ganganordnung *f*	gearshift pattern
Garantieanforderungen *f pl*	warranty request record
Garantieunterlagen *f pl*	warranty paperwork
Gasaustritt *m*	gas leak
Gaspedal *n*	accelerator pedal
Gaspedal vollständig freigegeben *n*	accelerator pedal fully raised
Gaspedal vollständig gedrückt *n*	accelerator pedal fully depressed
Gaspedal, Fuß vom ~ nehmen *n*	take the foot off the pedal
Gasungsrate *(Batterie) f*	gassing
Gazefilter *m*	gauze filter
Gazesieb *n*	gauze screen
Geber *m*	position indicator, transducer, transmitter
Gebläse *(Luftschal) n*	airscarf
gedreht um 30°	offset by 30°
geeignet für den Einsatz in der Produktion *m*	be suitable for / suited to production applications
geeignet für die Wiederverwendung *f*	be suitable for further service
Gefahr *f*	hazardous event
Gefahrengruppe *f*	combination of hazardous events
Gefälleförderung *f*	gravity suction feed system
gefast sein	be chamfered
Gegendruck *m*	back pressure
Gegendruck, einstellbarer *m*	variable back pressure
Gegenflansch *m*	mating flange
Gegenhalter *m*	anvil block, dolly
Gegenkraft *f*	opposing force
Gegenlage *f*	stabilizer probe
Gegenmutter *f*	lock-nut
Gegenprüfung *f*	cross-check
Gegenwelle *f*	countershaft bearing
Gehäuse *n*	case, casing, enclosure, housing
Gehäuseboden *m*	front shell
Gehäusedeckel *m*	rear shell
Gehäusedruck *m*	cambox pressure
Gehäusedruckventil *n*	cambox pressurising valve
Gehäusehülse *f*	guide sleeve
Gehäusemulde *f*	housing recess
geknickt *(Schlauchleitung)*	kinked
Geländefahrzeug, „alltagstaugliches“ *n*	sports utility vehicle (SUV)
Gelenk *n*	link
Gelenkschraube *f*	pivot plug

Gelenkspindel *f*	pivot ball
Gelenkstopfen *m*	pivot plug
Gemischbildnertest *m*	fuel injection test
Gemischeinstellung der maximalen Einspritzung *f*	maximum fuel injection mixture adjustment
genau	accurate, exact, precise
genau dosiert	accurately metered
Genauigkeit der Winkelorientierung *f*	angular orientation accuracy
Genauigkeit von Messungen *f*	accuracy of measurements
generieren	create
genutet	recessed
gepaart sein mit	be matched with
Gerät *n*	equipment, kit, unit
Gerätepaket *n*	instrumentation package
Geräusch mit niedriger Frequenz *n*	low frequency noise
Geräuschanalyse *f*	noise analysis
Geräuschmesssystem *n*	noise analysis
Geräuschpegel *m*	noise level (NL)
geriffelt	serrated
Gesamttaktzeit *f*	floor to floor time
geschaltet auf 0 Volt	connected to 0V
„geschichtete" Benzineinspritzung *f*	fuel stratified injection (FSI)
Geschwindigkeit der Signalübertragung *f*	signal transmission speed
Geschwindigkeit, konstante *f*	cruise
Geschwindigkeit, regelbare *f*	variable speed
Geschwindigkeitsbegrenzer *m*	speed governor
Geschwindigkeitsregelung, adaptive *(Tempomat) f*	adaptive cruise control (ACC)
gesichert *(Scheibe, Verschluss)*	captive
gespeichert	held on memory
Gestänge *n*	scroll link
Gestängehaken *m*	linkage hook
Gestängestabilisator *m*	link stabilizer
Gestell, separates *n*	external rack
Gestellrahmen *m*	rack
geteilte Ablage *f*	divided storage tray
getrennt	disconnected
getrennt prüfen	test separately
Getriebe *n*	transmission, gearbox
Getriebe neu positionieren *n*	re-orientate a transmission
Getriebe, eingekuppeltes *n*	engaged transmission
Getriebe, stufenloses *n*	continuously variable transmission (CVT)
Getriebe, Übersetzungsverhältnis bei eingekuppeltem *n*	transmission ratio engaged
Getriebe- und Achsantrieb *m*	transmission and final drive assembly
Getriebeabstützung *f*	transmission support
Getriebeanbau am Motor *m*	engine marriage station

Getriebedaten in Echtzeit *pl*	real-time status of transmission
Getriebeendmontage *f*	transmission final assembly
Getriebegehäuse *n*	transmission case
Getriebegehäusehalterung *f*	tab on the transmission case
Getriebegestell *n*	gear rack
Getriebeglocke *f*	front support, gearbox
Getriebeglocke wird nicht rechtwinklig zum Motor befestigt *(d.h, die Mittellinien von Motor und Getriebe fluchten nicht) f*	gearbox will not pull down square
Getriebehalter *m*	transmission mounting bracket
Getriebelage *f*	orientation of transmission
Getriebemedium *n*	transmission fluid
Getriebeprüfung *f*	transmission test
Getrieberasseln *n*	gear rattle
Getriebesteuerung, elektronische *f*	electronic transmission control
Getriebeübersetzung *f*	transmission ratio
Getriebewählhebel *m*	transmission selector lever
Getriebewelle wird in die Kurbelwelle gesteckt *(in der Kurbelwelle ist ein Lager montiert, das die Welle aufnimmt) f*	cross shaft top bush
Gewichtsausgleich *m*	counterweight
Gewichtskäfig *m*	weight cage
Gewinde um 30° gedreht *n*	thread offset by 30°
Gewindeschraube, vorgespannte *f*	threaded pre-load spring
gewölbt nach innen	dished
gezahnt	serrated
Glänzigwerden des Bremsbelags *n*	pad glazing
gleich bleibend	constant
Gleichlauf *m*	constant velocity (CV)
gleichmäßige Wärmezufuhr *f*	even heat input
gleichzeitig	isochronous
Glühlampenanzeige *f*	indicator light bulb
Glühstift *(Diesel) m*	glow plug
Glühstifte abschalten *m pl*	disable glow plugs
Graphikformat *n*	dripchart
Graustufen *f pl*	grey level image
greifen, ineinander	be engaged with one another
Greifer mit Lagerhaltung *m*	gripper with stock equipment
Greifkopf *m*	grip head
Grenzwert, oberster *m*	maximum limit
Grenzwert, unterster *m*	minimum limit
Grenzwert, vorgegebener *m*	pre-determined / programmed / specified limit
Grenzwerte durch Justierschraube einstellen *m pl*	bolt-up limits
Grenzwerte *m pl*	base lines, limits
Grenzwertüberschreitung *f*	off-limit condition

Gripzange *f*	body clamp
grob *(Fehler)*	cross
Grobanzeige *f*	coarse-reading pointer
Größe von Ausgleichscheiben *f*	shim ranges
größere Version *f*	up-size version
Grundbaustein *m*	basic module
Grundbohrung *f*	parent bore
Grundeinstellung *f*	basic timing
Grundgestell *n*	base frame
Grundplatte *f*	base
Grundprüfung *f*	basic testing
Grundrahmen *m*	base frame
Grundriss *m*	floor plan
Grundriss-Layout *n*	floor plan layout
Gültigkeit von Daten *f*	validity of data
gummigelagert *(Saugrohr)*	rubber-supported
Gummihammer *m*	soft-faced mallet
Gummimanschette *f*	rubber boot
Gussgehäuse *n*	cast housing
Güteklasse *f*	grade
Gütesicherung *f*	audit

H

Hakenkette *f*	ladder chain
Halbachse *f*	half shaft
Halbgas, bei *n*	at part-throttle
Hälfte, in der linken oberen ~ des Bildschirms *f*	in the upper left hand corner of the screen
Hälfte, in der rechten unteren ~ des Bildschirms *f*	in the lower right hand corner of the screen
Hall-Effekt-Impulsgeber *m*	Hall-effect switch
Hall-Element *n*	Hall-effect device
Haltbarkeit *f*	robust design
Halteblech *n*	retaining tag
Haltebügel einer Schutzkappe *m*	retainer securing protective cap
Halteclip *m*	retractor clip
Haltefeder *f*	retaining spring
Halteklemme *f*	retaining lug
Haltelasche *f*	retaining tang
Haltemutter *f*	base nut
Halteplatte *f*	retaining plate
Haltepratze *f*	holding clamp
Halterung *f*	mounting / support bracket
Halterung für Grundstellung *(eines Steckers) f*	park point base
Halteschraube *f*	securing bolt
Haltestift *m*	locking / retaining pin
Haltewinkel *m*	mounting bracket
Haltezunge *f*	securing tang
Hand-Digitalvoltmeter *n*	hand-held digital voltmeter
Handbremshebel *m*	handbrake lever
handfest einschrauben	screw in finger-tight
Handgriff, als ~ dienen *m*	provide a hand-grip
Handlesegerät *n*	hand-held reader
Handpumpe *f*	hand primer
Handschaltgetriebe *n*	manual gearbox / transmission
Handstellgröße *f*	hand-manipulated variable
hängen bleiben *(Ventil)*	stick
Hauptanschlag *m*	end stop
Hauptantriebswelle *f*	main shaft bearing
Hauptbedienfeld (HBF) *n*	main control panel
Hauptbremszylinder *m*	master brake cylinder
Hauptfilter *m*	end / main filter
Hauptfunktion *f*	major function
Hauptkabelsatz *m*	harness
Hauptmenü *n*	main menu, title screen

Hauptsammelschiene *f*	main bus
Hauptsegment *n*	main section
Hauptteil *n*	main body
Hauptverbindung *f*	main interconnection
Hauptverteilerleitung *f*	ring main of oil, oil gallery
Hauptzylinderbehälter *m*	master cylinder reservoir
Hebe- und Transportvorrichtung *f*	lift and carry mechanism
Hebebühne *f*	elevating platform, hoist
Hebegerät *n*	hoisting equipment
Hebegeschirr *n*	hoist with grippers
Hebel *m*	arm, lever
Hebeöse *f*	lifting eye
Heckaufprallsensor *m*	rear detection sensor
Heißprüfstand *m*	hot test stand
Heißprüfung *f*	hot test
Heizanschlüsse *m pl*	heating connections
Heizschlange *f*	heating coil
Heiztank *m*	header tank
herausdrücken	push out
heraushebeln	lever out
herausragen	protrude
herkömmlich	conventional
Herstellerhinweis *m*	manufacturer's instruction
Herunterschalten von Gängen *n*	downshift sequence
hervorheben *(auf dem Bildschirm)*	highlight
hervorkragen	project
hervorrufen	resulting in
Hilfsbatterie *f*	slave battery
Hilfskraftlenkung *f*	steering column assist
Hilfsprogramme *n pl*	tools
Hilfsspritzstrahl *m*	auxiliary spray
Hilfssystem *n*	help menu
hin und her gehend	reciprocating
hinterlegen, eine Strategie *f*	record a strategy on sth.
Hinterradbremse *f*	rear brake
Hochdruckanschluss / -auslass *m*	delivery port, high pressure outlet (connection)
Hochdruckeinspritzung *f*	high-pressure injection
Hochdruckfilter *m*	high pressure filter
Hochdruckförderung *f*	high-pressure feed
Hochdruckseite eines Aufnehmers *f*	high side of a transducer
Hochdruckstrahl *m*	high-pressure spray
Hochfahren, einen Motor auf 100 U / min *n*	stabilize an engine at 100 rpm
Hochfahren, langsames *n*	low take up of drive
hochgenau *(Regelung)*	extremely precise
Hochleistungsgetriebeöl für automatische Getriebe und Servolenkung *n*	automatic transmission fluid (ATF)

Hochleistungspumpe *f*	high performance feed pump
Hochleistungszündspule *f*	high output ignition coil
Hochregal-Zwischenlager *n*	vertical shelf stock
Hochschalten von Gängen *n*	upshift sequence
Höchstdrehzahl-Anschlagschraube *f*	maximum speed stop screw
höchste Durchzugskraft *f*	maximum torque / traction (power)
höchster Punkt einer Palette *m*	maximum pallet height
Höchstförder- / Höchstkraftstoffmenge *f*	maximum (fuel) delivery
Höchstmengen-Einstellplatte *f*	maximum fuel adjusting plate
Höchstwert *m*	maximum value
hochtourig	high speed
Höhenausgleichs-Magnetventil *n*	altitude compensation solenoid
Höhenausgleichsvorrichtung *f*	altitude compensator
Höhenversteller *m*	height adjuster
Höhenverstellschraube *f*	vertical adjustment screw
Höhenverstellung *f*	height adjustment
höher ausgelegte Kupplung *f*	powertthread clutch
Hohlschraube *f*	banjo bolt
Hohlseite *f*	hollow end
Hohlventil *n*	hollow valve
horizontal ausgerichtet	be horizontal
Horizontale, zur ~n geneigt *f*	sideways
Hornbohrung *f*	horn orifice
Hosenrohr *n*	exhaust downpipe
Hub- und Fixiereinheit für Palette und Getriebe *f*	lift and locating unit for pallet and gearbox
Hub- und Fördervorrichtung *f*	lift and carry mechanism
Hub- und Senkvorrichtung *f*	drop-lift mechanism
Hubbalken *m*	walking beam
Hubbegrenzung *f*	stroke-arresting device
Hubhöhe *f*	lift
Hubhöhe, volle *f*	full-lift position
Hubhöhenmesser *m*	lift gauge
Hubkegel *m*	lifting cone
Hubleistung *f*	lift value
Hubraum *m*	swept volume
Hubstation mit Längsanschlag *f*	lift unit with longitudinal stop
Hubstation mit Queranschlag *f*	lift unit with cross stop
Hubtisch, fahrbarer *m*	slideable elevating platform
Hubvolumen *n*	displacement
Hubvorrichtung für Motorpaletten *f*	engine-pallet lifting mechanism
Hubwagen *m*	lift truck, mobile lift unit
Hubwert *m*	lift value
Hubzapfen *m*	crank pin
Huckepacklösung *f*	piggyback system
Hülse *f*	collar, sleeve
Hutmutter *f*	cap / domed nut

Hutschraube *f*	dome-head screw
Hybridantrieb *m*	hybrid drive
Hybridbremsanlage *f*	hybrid braking system
Hybridsystem, computergesteuertes *n*	computer-controlled hybrid system
Hydraulikanlage *f*	hydraulic system
Hydraulikkopf *m*	hydraulic head
Hydraulikmedium *n*	hydraulic fluid
Hydraulikschaltplan *m*	hydraulic schematic
Hydraulikstellantrieb *m*	hydraulic control system
Hydraulikstößel *m*	hydraulic tappet
Hydrauliksystem *n*	fluid system, hydraulic circuit
hydraulisch betätigtes Bremsventil *n*	hydraulic brake valve
hydraulischer Ventilstößel *m*	hydraulic valve lifter (HVL)
hydraulisches Ventilspiel-Ausgleichselement (HVA) *n*	hydraulic lash adjuster (HLA)
Hysterese *f*	hysteresis

I

identifizieren, einen Motor *m*	read pallet tag to identify an engine
identisch gestalten	equalize
im Leerlauf *m*	tickover
Impuls *m*	blip, impulse, pulse, signal
Impuls, zeitkritischer *m*	time-critical / time-dependent pulse
Impulsbreite *f*	pulse width
Impulsprüfstand *m*	hose test stand
Impulsschrauber *m*	impact screw driver
Impulssignal *n*	pulse signal
Impulstakt *m*	timing of a pulse
Inbetriebnahme *f*	commissioning, start-up procedure
Inbusschlüssel *m*	Allen key
Indexierung *f*	indexing
ineinander greifen	mesh
Information anzeigen *f*	display information
Informationen sammeln *f pl*	collate information
Infrarotsensor *m*	infrared sensor
Infrarot-Wegfahrsperre *f*	infra-red anti-theft system
Initiatorabfrage einer Palette *f*	pallet entering switch
Inkrementgeber *m*	encoder
Innenausstattung *f*	interior sector, interiors
Innendruck *m*	internal pressure
Innenfläche *f*	inside surface
innengelagert *(Pumpe)*	supported
Innenlager *n*	inner bearing
Innenlagerfläche *f*	inner bearing surface / outer face
Innenlaufbahn *(eines Lagers) f*	inner race
Innenprofil einer Buchse *n*	internal profile of a liner
Innenring *(eines Lagers) m*	inner race
Innensechskantschlüssel *m*	Allen key
Innensechskantschraube *f*	Allen screw
Innenverkleidung *f*	carpet
Innenvolumen *n*	internal volume
innerstes Teil *n*	innermost part
Insassenschutzsystem *n*	pre-crash safety system (PCS)
Installierungspaket *n*	installation pack
Instandhaltungsarbeiten *f pl*	maintenance operations
instand setzen	maintain, service
Integralfilter *m*	integral filter
Integralsteckfilter *m*	integral spin-on filter
integriert	integrated, online
Inverterantrieb *m*	inverter drive
IO-Motoren *m pl*	accepted / good / OK engines

IO-Status *m*	accept, OK, pass
isochron	isochronous
Isolierhülse *f*	protective sleeving
Isolier-Rondell *n*	insulation washer
Istdatum *n*	actual date
Istwert *m*	actual / instantaneous value, control output
Istwert des Durchflusses *m*	actually measured flow
Istzeit *f*	actual time

J

Justierschrauben, Grenzwerte durch ~ einstellen *f pl*	bolt-up limits
Just-In-Time Fertigung *f*	JIT pull production system

K

Kabel *n*	cable, line
Kabel auf Durchgang überprüfen *n*	check the continuity of the wire
Kabelabhängung *f*	cable looping
Kabelausführung *f*	cable type
Kabelbaum *m*	harness
Kabelbruch *m*	open-circuit failure
Kabelführung *f*	cable routing
Kabelführungsbuchse *f*	cable bush
Kabelklemme *f*	cable clamp
Kabelschlepp *m*	trailing cable installation
Kabelsicherung *f*	cable lock
Kabelsteckverbindung *f*	lead connector
Kabelstrang *(Motor) m*	wiring loom
Kabelstrang *m*	wire strand
Kalibrieranzeige *f*	calibration reading
Kalibrierflüssigkeit *f*	calibration fluid
Kalibriergerät *n*	calibrator
Kalibriermedium *n*	calibration fluid / medium
Kalibrierung *f*	calibration, setting
Kalibrierverfahren für den Lecktest *n*	leak test calibration procedure
Kalibrierverfahren *n*	calibration / setting procedure
Kalibrierwagen *m*	calibration cart / trolley
Kalibrierwert *m*	calibration figure / value
Kalibrierwert unter Notbetriebsbedingungen *m*	emergency calibration value
Kaltfunktionstest *m*	cold function overcheck (CFO)
Kaltleerlauffrühverstellung *f*	advance override system
Kaltleerlaufphase *f*	cold idling phase
Kaltprüfeinrichtung *f*	advanced cold test (ACT) system
Kaltprüfung *f*	advanced cold test (ACT)
Kaltstart *m*	engine starts from cold
Kaltstartverstellung *f*	cold advance
Kaltverstellkolben *m*	cold advance piston
Kaltwetterlage *f*	cold conditions
Kamerasystem *n*	visual monitoring system
Kamin *m*	stack
Kanal *m*	channel, passage, port
Kanaldurchgängigkeit *f*	channel passage integrity
Kantenschutz *m*	edge protection
Karbonablagerungen *f pl*	carbon deposits
Kegel *m*	taper
Kegelradaufsteckgetriebe *n*	slip-on bevel gear
Kegelradgetriebe *n*	bevel gear

Kegelradgetriebemotor *m*	bevel geared motor
Kegelring *m*	tapered ring
Kegelrollenlager *n*	tapered roller bearing
Kegelrollenlager-Innenring *m*	tapered roller bearing inner race
Kegelsenker *m*	countersink
Kegelstift *m*	taper pin
Keil *m*	collet, wedge
keilförmig *(Kammer)*	wedge-shaped
Keilloch *n*	keyway
Keilnabe *f*	hub splines
Keilschieber *m*	wedge-type gate valve
Keilverzahnung *f*	splines
Keilwellenantrieb *m*	spline drives
kein Signal vom Nadelhubsensor *n*	loss of the needle lift signal
kein Wartungspunkt *m*	non-service item
Kennfeld *n*	map
Kennfelderstellung *f*	mapping
Kennmelder *(visuell) m*	indicator
Kennmelder *m*	indicating pin
Kenntnisse über Motoren erwerben *f pl*	engine mapping
Kennwerte *m pl*	characteristics
Keramikheizelement, monolithisches *n*	solid-state ceramic heater element
Kerbverzahnung *f*	splines
Kernlochstopfen *(Zylinder) m*	core plug
Kernlochstopfmontage *(Zylinder) f*	core plug insertion
Ketten(zahn)rad *n*	sprocket
Kettenantrieb *m*	chain drive
Kettenlauffläche *f*	chain bearing (running) surface
Kettenumlenkung *f*	chain bypass
Kickdown des Automatikgetriebes *m*	automatic gearbox kickdown
Kickdown-Steuerung *f*	kickdown control
Kickdown-Ventil *n*	kickdown solenoid
Kilometerstand *m*	vehicle mileage
Kipphebel *m*	rocker arm, valve lever
Kippschalter *m*	toggle (type) switch
kippsicher	stable
Klappenventil *n*	flap valve
Klauen *f pl*	prongs
Klemmdose, elektrische *f*	electrical connection box
Klemmfilter *m*	clip-on filter
Klemmhülse *f*	collet
Klemmlast *f*	clamp load
Klemmring *m*	circlip
Klemmschraube *f*	clamp / locking screw, pinch bolt / screw
Klemmmutter *f*	clamping / lock nut
Klimaanlage *f*	air conditioning (A / C)
Klimaanlagenkupplung *f*	air-conditioning clutch

Klimakompressor schaltet korrekt aus *m* — air-conditioning compressors cuts out correctly
Klopfen des Dieselmotors *n* — diesel knock
Klopftechnik, kontrollierte *f* — homogenous charge compression ignition (HCCI)
Knarre *(zum Durchdrehen der Nockenwelle) f* — ratchet
Knierohr *n* — bend
Knotenelement *(Transportsystem) n* — gusset plate
Kohledrucksäule *f* — carbon pile
Kolbenbewegung *f* — piston travel
Kolbenboden *m* — back of piston
Kolbenbolzenauge *n* — piston pin bore
Kolbenbolzensicherung *f* — spiral lock
Kolbenbolzensicherungsring *m* — piston-pin circlip / locking ring
Kolbeneinheit, federbelastete *f* — spring-loaded spool assembly
Kolbengestänge *n* — spool linkage
Kolbengruppe *f* — spool assembly
Kolbenhub, verstärkter *m* — overstroke
Kolbenoberseite *f* — piston crown
Kolbenring *m* — piston ring
Kolbenstange *f* — piston rod
Kolbenüberstand *m* — piston height / top position
Kolbenvormontage *f* — piston pre-installation
Kolbenweg *m* — piston movement / travel
Kombinationsmatte *f* — safety mat
Kommunikation *f* — communication, dialog, interaction
Kompensation *f* — balance, compensation
komplett montiert — fully assembled
Komplettmotor *m* — engine assembly
Komponente entsprechend zuordnen *f* — datum a component
Komponenten, druckseitig angebrachte *f pl* — pressure end components
Komponenten, federseitig angebrachte *f pl* — spring end components
Komponenten, sicherheitsrelevante *f pl* — safety critical components
Kompressionshöhe *f* — compression height
Kompressorschrauber *m* — zip / air gun *[AE]*
komprimieren *(Daten)* — compress, deflate
Konfiguration von Parameterfunktionen *f* — parameter configuration
konisch angefast — chamfered
konisch ausgelegt — tapered
Konsolförderer *m* — walking beam
Konstrukteur eines Motors *m* — engine designer
Konstruktion der Gesamtanlage *f* — full scale design
Konstruktion, solide *f* — rigid base fabrication
Konstruktionsänderung *f* — design change
Konstruktionskonzept *n* — conceptual design work
Konstruktionsüberprüfung *f* — design review
Konstruktionszeichnung *f* — engineering drawing
Kontakt, potentialfreier *m* — floating contact

Kontaktfläche *f*	contact area / face
kontaktlos	breakerless
Kontaktstift, elektrischer *m*	electrical connector pin
Kontermutter *f*	lock nut
Konterstütze *f*	stabilizer probe
Kontinuitätsprüfung *f*	continuity test
Kontroll- und Einstoßeinheit *f*	control and pusher unit
Kontrolllampe *f*	backup lamp, warning light
Kontrolllehre *f*	master gauge
Kontrollöffnung *f*	inspection aperture
Kontrollstopfen *m*	inspection plug
Konturbildung *f*	contour mapping
Konturlinie *f*	profile
Konuseinsatz *m*	protection cap
Koordinatenbohrung *f*	jig boring
Kopfairbag *f*	head airbag
Kopfsteuerung *f*	head PLC
Koppelstation *f*	transfer station
Kopplung, induktive *f*	inductive coupling
Körnerpunkt *m*	centre mark
Körperschallmessung *f*	structure-borne noise analysis
Körperschallübertragung *f*	transmission of structure-borne noise
korrekt ausschalten *(Klimakompressor)*	cut out correctly
Korrektur einer Funktion *f*	recovery
Korrekturwert *m*	correction figure
korrigiert	revised
Kostenverfolgung *f*	cost controlling
Kraft, elektromagnetische (EMK) *f*	electromagnetic force (EMF)
Kraftabtriebsseite *f*	clutch side, output end
Kraftfahrzeug, gängiges *n*	popular car
Kraftschluss *m*	frictional connection
kraftschlüssig ankoppeln	couple adherent to sth.
kraftschlüssig durch Feder *f*	actuated by spring
kraftschlüssig durch Gewicht *n*	actuated by gravity
kraftschlüssig durch Reibung *f*	actuated by adherence
kraftschlüssig eingespannt *(mechanisch)*	clamped non-positive
Kraftstoff durch ein Ventil pressen *m*	discharge fuel through a valve
Kraftstoff fördern *m*	provide / supply fuel
Kraftstoff in den Balg *(der Pumpe)* ziehen *m*	draw fuel into the bulb
Kraftstoff schlägt zurück *m*	fuel splashback
Kraftstoff zünden *m*	ignite the fuel
Kraftstoff, geeignet für die entsprechende Jahreszeit *m*	correct grade of fuel to suit the season
Kraftstoff, verspritzter *m*	spilt fuel
Kraftstoff, zu viel *m*	overfuelling
Kraftstoff, zu wenig *m*	underfuelling
Kraftstoffabgabe *f*	fuel output

Kraftstoffabschaltung *f*	stopped condition
Kraftstoffabscheider *m*	fuel trap
Kraftstoffanlage *f*	fuel supply system
Kraftstoffart *f*	fuel grade / quality
Kraftstoffaufbereitungsanlage *f*	fuel conditioning equipment
Kraftstoffauslassleitung *f*	fuel outlet line
Kraftstoffdruckregler *m*	fuel pressure regulator
Kraftstoffdurchfluss *m*	fuel flow
Kraftstoffdurchflussgeber *m*	fuel flow sensor
Kraftstoffdurchlass *m*	fuel passage
Kraftstoffeinlassleitung *f*	fuel inlet line
Kraftstoffeinlassstutzen *m*	fuel inlet tube
Kraftstoffeinspritzanlage *f*	fuel injection equipment (FIE)
Kraftstoffeinspritzpumpe, drehzahlabhängige *f*	speed-dependent fuel injection pump
Kraftstoffeinspritzpumpe, elektronische *f*	electronic fuel injection pump
Kraftstoffeinspritzung, mechanische *f*	mechanical fuel injection (MFI)
Kraftstofffilter *m*	fuel filter
Kraftstoffförderung *f*	fuel delivery
Kraftstofffördersystem optimieren *n*	complete a feed system
Kraftstoffkanal *m*	fuel passage
Kraftstoffkomponenten *f pl*	fuel conditioning equipment
Kraftstofflagerung *f*	fuel storage
Kraftstoffleitung *f*	fuel line
Kraftstoff-Luft-Gemisch *n*	fuel-air mixture
Kraftstoffmehrmenge *f*	excess fuel
Kraftstoffmenge *f*	delivery, mass of fuel
Kraftstoffmenge, allmählich geringer werdende *f*	gradual fuel starvation
Kraftstoffmenge, durch das Dosierventil bestimmte *f*	metered amount / quantity / volume of fuel
Kraftstoffmenge, eingespritzte *f*	amount of fuel injected
Kraftstoffmenge, Einstellschraube für die *f*	delivery adjuster plug
Kraftstoffmenge, erforderlich für den Start *f*	starting fuel delivery requirement
Kraftstoffmenge, maximale *f*	maximum fuel delivery
Kraftstoffmenge, minimale *f*	fuel starvation, minimum fuel delivery
Kraftstoffmenge, reduzierte *f*	reduced fuel delivery
Kraftstoffmenge, vorgegebene *f*	certain volume of fuel, specified delivery
Kraftstoffmengenregelung *f*	fuel delivery control / instruction
Kraftstoffmesssystem *n*	fuel measuring / metering system
Kraftstoffpumpe *f*	feed / fuel pump
Kraftstoffqualität *f*	grade / quality of fuel
Kraftstoffrückführung zum Tank *f*	fuel recirculated to the tank
Kraftstoffrücklauf *m*	fuel back-leakage / return, return flow circuit
Kraftstoffrücklaufleitung *f*	fuel return pipe
Kraftstoffsammelleitung *f*	fuel rail
Kraftstoffstrahl *m*	fuel spray

Kraftstoffsystem entlüften *n*	vent a fuel system
Kraftstoffsystem zum Ansaugen bringen *n*	prime a fuel system
Kraftstoffüberlauf *m*	fuel spillage
Kraftstoffübernahme *f*	fuelling
Kraftstoffverbrauch *m*	fuel consumption / economy
Kraftstoffverbrauch, minimaler *m*	excellent / minimum fuel economy
Kraftstoffverbrauch, übermäßiger *m*	excessive fuel consumption
Kraftstoffversorgung, maximale *f*	maximum fuelling
Kraftstoffversorgung, reduzierte *f*	reduced fuel delivery
Kraftstoffverteiler *m*	fuel rail
Kraftstoffverteilerleitung *f*	fuel rail line
Kraftstoffverteilerrohr *n*	fuel rail
Kraftstoffverteilung *f*	fuel gallery
Kraftstoffvorwärmer *m*	fuel heater
Kraftstoffzufuhr *f*	fuel feed, running condition
Kraftstoffzufuhrleitung *f*	fuel feed pipe
Kraftstoffzuführung *f*	fuelling
Kraftstoffzulaufleitung *f*	fuel delivery line, fuel / inlet rail line
Kraftübertragung *f*	power transmission
Kragen *m*	collar
Krallenabzieher *m*	claw-type extractor
Krallenbügel *m*	claw-shaped retainer
Kranauge *n*	lifting eye
Kreis, im ~ zurückführender Bandstreckenverlauf *m*	close loop
Kreiselpumpe *f*	rotary pump
Kreuzschlitten *m*	X-Y slide
Kreuzstück *(Joch) n*	yoke
Kriechgang *m*	crawler
Kriechwirkung *f*	creep effect
Krümmerverschmutzung *f*	fouling of the exhaust, manifold fouling / contamination
Kugelanschluss *m*	ball connection
kugelgeführt	run in ball bearings
Kugelgelenk *n*	ball joint
Kugelhahn *m*	ball valve
Kugelkapsel *f*	ball capsule
Kugelkopf-Schraubendreher *m*	ball end screw driver
Kugellager *n*	spherical bearing
Kugellagerlaufring *(außen) m*	ball bearing outer race
Kugelmontage *f*	ball plug insertion
Kugelventil *n*	ball valve
Kugelverschluss *m*	ball plug
Kühlaggregat *n*	cooling unit
Kühler *m*	radiator
Kühlerdeckel *m*	radiator cap
Kühler-Einfüllstutzen *m*	radiator inlet port

Kühlgebläse n	air-conditioning fan
Kühlmittelbehälter *m*	coolant reservoir
Kühlmittelstand im Behälter *m*	level in the coolant reservoir
Kühlmittelstand *m*	coolant level
Kühlmittelstandgeber *m*	low coolant switch
Kühlmitteltemperatur *f*	coolant temperature
Kundenbeistellungen *f pl*	customer's responsibilities
Kunststoffzunge *f*	plastic lug
Kupferpaste *f*	copper slip
Kupplung, deren Druckplatte intern auf Druck arbeitet *f*	push type clutch
Kupplung, deren Druckplatte intern auf Zug arbeitet *f*	pull type clutch
Kupplung, höher ausgelegte *f*	powertthread clutch
Kupplung, stirnseitig ausgerichtet *f*	clutch to the front
Kupplungsanlage *f*	clutch kit
Kupplungsarmbuchse *f*	clutch lever bush
Kupplungsausrückhebel *m*	clutch release lever
Kupplungsglocke *f*	bell housing
Kupplungshydraulik *f*	clutch hydraulics
Kupplungspaket *n*	clutch pack profile
Kupplungsschalter *m*	clutch switch
Kupplungsscheibe *f*	drive plate
Kupplungsschleifen *n*	clutch drag
Kupplungsschwinge *f*	clutch release lever
Kupplungsseil *n*	clutch cable
Kurbelgehäuse (KG) *n*	crankcase
Kurbelgehäusebelüftung *f*	crankcase breather
Kurbelgehäuseentlüftungsmenge *f*	blowby
Kurbeltrieb *m*	cranktrain
Kurbelwellenadapter *m*	crankshaft adapter
Kurbelwellendichtung *f*	crankshaft seal
Kurbelwellen-Positionssensor *m*	timing crank sensor
Kurbelwellenrad *n*	crankshaft timing gear
Kurbelwellenzapfen *m*	crankshaft journal
Kurve *f*	curve, signature
Kurvenantrieb *m*	cam drive
Kurvenform eines Signals *f*	sensor signature
Kurvenlicht, dynamisches *n*	adaptive forward lighting (AFL)
Kurzprüfverfahren *n*	rapid-testing method
Kurzschluss *m*	short-circuit
Kurzschluss nachweisen *m*	detect a short-circuit
Kurzschlussventil *n*	short-circuit valve

L

Labyrinthdurchgang *m*	labyrinth passage
Ladeanzeige *(Batterie) f*	charge indicator
Ladedruck *m*	manifold pressure
Ladedruck, druckabhängiger *m*	pressure controlled boost pressure
Ladedruckhub *m*	boost stroke
Ladedruckregelung *(Regelventil) f*	wastegate
Ladedruck-Regelventil *n*	manifold vacuum regulation valve
Ladedruckregler *m*	boost control unit
Ladedruckreglerdeckel *m*	boost control cover
Ladedruckreglerkörper *m*	boost control body
Ladedruckstellglied *n*	boost actuator
Ladedrucksteuerung *f*	boost control, monitoring of the pressure in the inlet manifold
Ladedrucksystem *n*	charge air system
Ladekontrolllampe *f*	charge warning light
Ladekreis *m*	charging circuit
Ladeluft *f*	charge air
Ladeluftkühler *m*	(air-to-air) intercooler
Ladeluftverteilerleitung (LLVL) *f*	charge-air gallery
Ladeportal *n*	loading bridge, overhead gantry
Ladevorgang der Batterie *m*	battery is being charged
Ladezustand *(Batterie) m*	state-of-charge
Lage von TTL-Low-Signalen *f*	timing of TTL-low signals
Lageplan *m*	key plan
Lager *n*	bearing (BRG)
Lager reißt aus *n*	bearing pulls out
Lagerbock *m*	bearing bracket
Lagerdeckelmontage *f*	bearing cap assembly
Lagergasse *f*	bearing bedding
Lagergehäuse *n*	bearing housing, spindle case
Lagerichtigkeit *f*	positional accuracy
Lagerinnenring *m*	bearing inner ring
Lagerkapazität *f*	inventory
Lagerklotz *m*	bearing block
Lagerlaufring *m*	bearing cone / race
Lagerring *m*	bearing cup
Lagerrollensicherung *f*	bearing roller retainer
Lagerschale *f*	bearing insert / liner / shell
Lagerschild *n*	bearing housing
Lagerteile für den Montageprozess *n pl*	in-process inventory
Lagerzapfen *m*	spigot
Lambdasonde *f*	heated exhaust gas oxygen sensor (HEGO)
Lampentableau *n*	LED-display

Langbuckel *m*	elongated projection
langlebig	long life
Langlebigkeit *f*	longevity
Langloch *n*	elongated / oblong hole
langsame Rückführung *f*, langsamer Rücklauf *m*	slow return
langsames Hochfahren *n*	low take up of drive
Längsband *(Transportsystem) n*	straight conveyor section
Längslast *f*	straight load
Langzeitanlage *f*	long-term application
Langzeitfehler *m*	historical fault
Langzeitspeicher *m*	history memory
Langzeitstabilität *f*	long-term stability
Langzeitverhalten *n*	endurance characteristic
Langzeitversuch *m*	long time / prolonged test
LAN-Verbindung *f*	LAN interface
Lärmschutzkabine *f*	noise cell
Lasche *f*	tab, tang
Lasche, umgebogene *f*	bent over lip
Lastenheft *n*	specification
Lastmoment *n*	load
Lauf, unruhiger *m*	uneven running
laufen, nach innen	move inwards
laufen, nach oben	travel up to
lauffähig *(Motor)*	green, running, working
Laufrad *n*	guide roller
Laufrad, kugelgelagertes *n*	ball bearing guide roller
Laufring, außen / innen *m*	outer / inner race
Laufruhe *(Motor) f*	vibration
Laufunruhe, erhöhte *f*	uneven running
Lebensdauer *(längere ~ eines Teils) f*	live cycle / longevity (of a component)
Lebensdauer einer Pumpe *f*	pump life
Leck(age)menge *f*	leak rate
Leck-Normale *f*	leak master
Leckage *f*	leakage
Leckölleitung vom Einspritzventil *f*	injector backleak pipe
Leckprüfgerät *n*	leak tester
Leckrate, zulässige *f*	allowable leak rate
Lecksimulationsgerät *n*	leak simulator
Lecksimuliereinrichtung *f*	leak simulation equipment / unit
Lecksuchgerät *n*	leak detector / tester
Lecktest *m*	leak test
Lecktestgerät *n*	leak tester
Lecktestrate *f*	leak test rate
Lecktests, gegenseitige *m pl*	crossover leak tests
Leckteststation *f*	leak test station
leerfahren *(Station)*	clear out

leerfahren *(Tank)*	run out of fuel
Leerlauf ist eingelegt *m*	gear selector is in neutral
Leerlauf, erhöhter *m*	fast idling
Leerlauf, im *m*	at idle, tickover
Leerlauf- und Enddrehzahlregler *m*	two-speed governor
Leerlaufabgleich *m*	idle trim mode
Leerlaufabschaltventil *n*	anti-dieselling valve
Leerlaufanpassung *f*	idle speed adjustment
Leerlaufanschlag *m*	idle end stop
Leerlaufdrehzahl *f*	idling speed
Leerlaufeinspritzmenge *f*	idle fuel, idling delivery
Leerlaufeinstellschraube *f*	idle speed adjustment screw
Leerlaufeinstellung *f*	idling speed adjustment / instruction
Leerlauffahrpedalsensor *m*	low pedal demand switch (LPDS)
Leerlaufluft-Regelventil (LLR) *n*	idle air control valve (IACV)
Leerlaufsignal *n*	idling (speed) instruction / signal
Leerlaufstellung, in *f*	in neutral gear
Leerlaufüberhöhung *f*	fast idle
leicht anzupassen	readily adaptable
leicht wechselbar	easily replaceable
leichtes Schalten *n*	easy shifting
Leichtlast *f*	light / low load
Leichtlaster *m*	light commercial / duty vehicle (LCV / LDV)
Leichtlastverstellung *f*	low-load advance (LLA) device
Leichtlastverstellung, progressive *f*	progressive low-load advance (LLAP)
Leichtlastverstellventil *n*	low-load advance (LLA) valve
Leistung *(abgegebene) f*	output
Leistung *(Betriebsverhalten) f*	performance
Leistung *(Elektrik) f*	power
Leistung *(Nennleistung) f*	rating
Leistung *(Wirkungsgrad) f*	efficiency
Leistung, garantierte *f*	specified output
Leistung, geringe *f*	low power
Leistung, permanent geringe *f*	persistent low power
Leistung, reduzierte *f*	derated / reduced performance
Leistung, zeitweise geringe *f*	intermittent low power
Leistungsabfall *m*	lack / loss of power
Leistungsabgrenzung *f*	split of work
Leistungsaufnahme *f*	power input
Leistungsbeschreibung *f*	performance specification
Leistungsdiagramm *n*	performance chart
Leistungsfähigkeit eines Motors erhalten *f*	maintain the operating integrity of an engine
Leistungsfähigkeit eines Motors, volle *f*	integrity of an engine
Leistungsfähigkeit *f*	performance
Leistungskennfeld *n*	map delivery
Leistungsmesser *m*	dynamometer
Leistungsparameter *m*	performance parameter

Leistungsprüfung unter Volllast *f*	fully loaded dynamometer test
Leitblech *(am Ansaugkrümmer) n*	baffle
leiten in *(Unterdruck)*	pipe *(the vacuum)* into
Leiterplatte *f*	printed circuit board (PCB)
Leitrechner *m*	host / master computer
Leittechnik *f*	control and communication system
Leitung mit glatten Bohrungen *f*	smoothly bored pipe
Leitungsanschluss Einspritzventil *m*	injector fuel supply pipe connection
Leitungsinstallierung *f*	inline installation
Leitungsnachbildung *f*	line-to-line balance
Leitungssatz *m*	harness
Leitungsventil *n*	fuel pipe valve
Lenkeinschlag *m*	steering angle
Lenken per Side-Stick *n*	steer-by-wire
Lenken, Bremsen, Gas geben per Side-Stick *n*	drive-by-wire
Lenkgestänge *n*	steering linkage
Lenkgetriebe *n*	steering gear
Lenkhilfpumpe (LHP) *f*	steering pump
Lenk(rad)winkel *m*	steering angle
Lenkrollradius *m*	kingpin offset, steering roll radius
Lenksäule *f*	steering column
Lenksäule, neigungsverstellbare *f*	rake column
Lenkspindel *f*	steering spindle
Lenkspurhebel *m*	track control arm
Lenkspurstange *f*	(steering) tie rod
Lenkung *f*	steering
Lenkwinkelsensor *m*	(steering) angle sensor
Lenkzapfen *m*	king pin
Lese- / Schreibeinheit *f*	read / write unit
L-förmige Manschette *f*	L-type seal
Lichtebene *f*	non-laser sheet, plane of light
Lichtgitter *n*	safety beam
Lichtimpuls, langer *m*	long duration light pulse
Lichtimpulsbreite *f*	light pulse width
Lichtschranke *f*	light barrier
Lichtverhältnisse *n pl*	light level
Lichtvorhang *m*	light curtain
Lieferumfang *m*	scope of delivery
Lieferzeit, verzögerte *f*	delayed / disrupted delivery schedule
Lieferzustand *m*	as-delivered condition
liegen zwischen	vary between
Linearität *f*	linearity
Linie, getaktete *f*	paced line
Linksgewinde *n*	left-hand thread
Linsensenkschraube *f*	oval-head countersunk screw
Lippenbefestigung *f*	lipped mount
Lochblech *n*	orifice / perforated / punched plate

Lochdüse, ventilüberlappte *f*	valve-covered orifice (VCO) nozzle
Lochkreis *m*	pitch circle
Lochplatte *f*	orifice / perforated / punched plate
Logistik, punktgenaue *f*	on-time delivery
lokales Netz *n*	local area network (LAN)
Longblockmontage *f*	long block assembly
löschen *(Fehler)*	clear
lösen *(Bremse)*	release
lösen *(Leitungen)*	unclamp, unscrew
lösen *(Schrauben)*	slacken, unscrew
Losgröße 1 *f*	batch size 1, one off
Losgrößen, unabhängig von ~ fertigen *f pl*	manufacture on a random basis
loslassen	release
Lösung, günstigste *f*	ultimate solution
Lotebene *f*	vertical plane
Luft *(bei Passteilen) f*	clearance
Luftansammlung *f*	accumulation of air
Luftansaugleitung *f*	air intake ducting
Luftansaugrohr *n*	intake manifold
Luftansaugsystem *n*	air intake system
Luftaufbereitung *f*	air conditioning (unit)
Luftdämpfer und Flüssigkeitsabscheider *m*	muffler reclassifier
Luftdruck, unzureichender *m*	inadequate air pressure
Luftdruck-Spritzpistole *f*	air gun
Lufteinlasskrümmer *m*	air inlet manifold
Lufteintritt *m*	ingress / presence of air
Luftfilter *m*	air filter
Luftfiltergehäuse *n*	air cleaner box
Luft- / Kraftstoffsystem *n*	air / fuel system
Luftleitung *f*	airway
Luftmassenmesser *m*	air mass meter
Luftmenge, vom Motor angesaugte *f*	amount of air entering the engine
Luftversorgung *f*	air supply
Luftverteilerrohr *n*	air manifold
Luft-Wasser-Wärmetauscher *m*	air-water heat exchanger
„Luxusschlitten“ *m*	top-of-range car

M

Magnetabschaltventil *n*	electronic shut-off solenoid (ESOS)
Magnetabsperrventil *n*	stop solenoid
Magnetabsperrventilkolben *m*	stop solenoid plunger
Magnetstellglied *n*	solenoid actuator
Magnetventil erhöhter Leerlauf *n*	fast-idling solenoid valve
Magnetventil mit Luftfeder *n*	solenoid valve with pneumatic spring
Magnetventil *n*	solenoid valve
Magnetventilantrieb *m*	solenoid valve drive
Magnetventilsteuerung *f*	solenoid control
Magnetventilsteuerung für die Kaltleerlauf-frühverstellung *f*	solenoid control of advance override
Malteserkreuzantrieb *m*	cross wheel drive
Manschette *(Kugelgelenk) f*	gaiter
Manschette *f*	collar, patch
manuell anschließen	adapt / connect manually
manuell betrieben	hand / manually operated
manuelle Bedienung des Anschlussbalkens *f*	manually equipped bulkhead
manuelles Fahrprogramm *n*	Tiptronic
Maschinenbett *(auf Füßen ruhendes) n*	bench
Maschinenteile, drehende *n pl*	rotating machinery
Maßbild *n*	dimensioning drawing / sheet
Maßblatt *n*	general arrangement
Masse *f*	earth, mass
Masseanschluss *m*	ground connection
Massendurchflussmessung *f*	mass flow test
Massenmessung *f*	mass measurement
Massenschwerpunkt *m*	centre of mass
Massenverteilung *f*	mass intensity image
Masseplatte *f*	negative plate
maßgeschneidertes Blech *n*	tailored blank
Maßnahmen zur Störungsbehebung *f pl*	debugging
Masterzylinder des Arbeitsspiels *m*	cycle reference cylinder
Material, schwer entflammbares *n*	fire-retardent material
Materialausnutzung *f*	material economy
Materialbereitstellung *f*	material availability
Materialermüdung *f*	material fatigue
Materialflussplan *m*	material flow chart
Materialzulaufplan *m*	material schedule
Matritze *(Einspritzung) f*	plate
Maximalanschlag *m*	maximum stop position
mehr als	in excess of
Mehrfachstecker *m*	multipin connector, multiplug
Mehrlagenmaterial *n*	sandwich material

Mehrlochdüse *f*	multi-hole (type) nozzle
Mehrzweckreinigungsgerät *n*	multi-clean machine
Melde- / Anzeigemöglichkeiten, vollständige *f pl*	full reporting capabilities
Meldebaustein *m*	signal element
Meldekontakt *m*	signalling contact
Meldespannung *f*	pilot / signalling-circuit voltage
Meldung *f*	message, signal
Membranpumpe *f*	diaphragm-type pump
Membranteller *m*	plate diaphragm
Mengengerüst *n*	quantified scope
mengentheoretisch	set-theoretical
Menü- und Befehlsstruktur *f*	menu and command structure
menügeführt	menu-driven
Merkmal, spezifisches *n*	specific feature
Messadapter *m*	gauge adapter
Messanschluss *m*	sensor
Messanschlüsse entriegeln *m pl*	unclamp sensors
Messanschlüsse zurücksetzen *m pl*	reset / retract sensors
Messanzeige, genaue *f*	accurate gauge reading
Messaufnehmer *m*	(measurement) transducer / nozzle pair
Messaufnehmer, pendelnd gelagerter *m*	tumbling nozzle pair
Messaufnehmer, schwimmend gelagerter *m*	floating nozzle pair
Messbereich *m*	effective / measuring range
Messblende *f*	(control) orifice
Messblock *m*	gauge mounting block
Messbuchse *f*	sensing socket
Messdorn *m*	gauge rod, plug gauge
Messdrift *f*	drifting
Messeinrichtung *f*	measuring unit
messen	measure, meter, test
Messen der Hubhöhe *n*	lift measurement
messen, einzelne Einspritzvorgänge *m pl*	measure single injections
Messergebnis *n*	test result
Messergebnis anzeigen *n*	display a test result
Messergebnis auswerten *n*	analyze a test result
Messergebnis erzielen *n*	achieve a test result
Messergebnis protokollieren *n*	record a test result
Messergebnis speichern *n*	file / store a test result
Messergebnis verzeichnen *n*	record a test result
Messfehler, temperaturabhängiger *m*	temperature-dependent error
Messfühler anschließen *m*	advance a probe / senor
Messgerät für die optische Spritzbildanalyse *n*	optical injector spray patternator
Messgerät für die Riemenspannung *n*	tension gauge
Messgeräte *n pl*	measuring equipment
Messingbürste *f*	brass-bristled brush
Messinstrument *n*	gauge, meter, tester

Messkarte *f*	measuring card
Messkette *f*	test series
Messkurve *f*	curve, signature
Messprinzip *n*	measurement principle
Messprotokoll *n*	test report
Messprüfstand *m*	metering test bench
Messpunkt *m*	measuring point
Messsignal *n*	test signal
Messsignale auf eine Anschlussplatte führen *n pl*	route measuring signals to a terminal plate
Messstab *m*	dipstick
Messstabrohr *n*	dipstick tube
Messstation, externe *f*	offline gauging station *(AE)*
Messstelle *f*	measuring point
Messstufenblock *m*	step gauge
Messtechnik *f*	measuring equipment
Messuhr *f*	dial (test) gauge / indicator
Messuhr mit metrischer Einteilung *f*	metrical dial gauge
Messung der Druckänderung *f*	pressure change measurement
Messung erneut vornehmen *f*	retake a reading / test
Messung *f*	measurement, metering, test
Messung, positive *f*	positive graduate metering (PGM)
Messung, wiederholbare *f*	repeatable measurement
Messverstärker *m*	measuring amplifier
Messwandler *m*	converter
Messwelle *f*	gauge bar
Messwert *m*	value measured
Messwert, abweichender *m*	illogical value
Messwerte abtasten *m pl*	sampling data
Messwerte *m pl*	data, valued measured
Messwerterfassungsrechner *m*	data logging computer
Messwerterfassungssystem *n*	data logging system
Methode der Ausrücklagerbefestigung am Ausrückhebel *f*	method of retention in the release fork
Mikroschalter *m*	microswitch
Mindestanschlag *m*	minimum stop position
Mindestausrüstung *f*	minimum facilities
Mindestfördermenge *f*	minimum delivery
Mindestspannkraft *f*	minimum clamping force
Mindestwert *m*	minimum value
Minuspol einer Batterie *m*	battery negative terminal
Mitnehmer *m*	catch plate, drive dog
Mitnehmerblech *n*	catch plate
Mitnehmerscheibe *f*	drive plate
Mittelbolzen *m*	centre bolt / screw
Mittelgehäuse *n*	mid housing
mittelgroß	medium-sized

Mittellinie der Kurbelwelle *f*	crankshaft centreline
Mittelrohr eines Filterelements *n*	centre tube of a filter element
Mittelteil einer Pumpe *n*	pump centre-section
Mittenabdeckung des Ventildeckels *f*	centre cover
Mittenabstand *m*	centreline spacing
Mittenführung *f*	centre guide
Mittenstellung, in die ~ zurückkehren *f*	self-centring
Moby I lesen *n*	read Moby tag
Moby I mit Prüfdaten beschreiben *n*	write test results to Moby tag
Modellvielfalt *f*	great variety of engine variants
Modifizierung *f*	modification, revamping
Modifizierung vorgeschalteter Anlagen *f*	upstream revamping
Möglichkeiten der Fehlerdiagnose eines Systems *f pl*	fault diagnosis capacity of a system
Möglichkeiten nutzen *f pl*	exploit capabilities
Momentanwert *m*	instantaneous value
Montage *f*	assembly, installation
Montage der Ventilschaftdichtung *f*	valve stem seal insertion
Montage eines Elektronikgehäuses *f*	mounting of an electronic enclosure
Montage nach Kundenauftrag *f*	assembly to customer order
Montageablaufplan *m*	installation schedule
Montageanlage *f*	assembly line / system
Montageausrüstung *f*	assembly machines, mounting kit
Montagebock *m*	assembly support, mounting rack
Montagebolzen *m*	temporary bolt
Montageeisen *n*	mounting iron
Montagefehler *m*	assembly fault
Montagefehler, allgemeiner *m*	general assembly fault
Montagefett, kupferhaltiges *n*	copper grease
Montageflexibilität *f*	installation flexibility
Montagefolge *f*	assembly sequence
Montagehalterung *f*	installation support
Montagehülse *f*	assembly guide
Montagekonzept *n*	design for assembly
Montagelinie *f*	assembly line / system
Montageplan *m*	assembly / installation schedule
Montageplatte *f*	mounting / support plate
Montageprozess, für den ~ zu lagernde Teile *m*	in-process inventory
Montagesatz *m*	assembly / fitting kit
Montageschlüssel *m*	assembly key
Montagetechnik *f*	assembly equipment / machines
Montagevorrichtung *f*	assembly / mounting device
Montagewanne *f*	clamping / mounting cradle
Montagewerk *n*	assembly plant
Montagezeichnung *f*	assembly / hook-up drawing
„Montagsauto“ *(coll.) n*	a real lemon

montieren	assembly
Montieren von Ventilkeilen *n*	key up valves
Motor am Prüfstand anschließen *m*	adapt an engine to the test stand
Motor durchdrehen *m*	crank the engine
Motor entleeren, abschließen und ausschleusen *m*	drain, disconnect and exit an engine
Motor erreicht die Selbstlaufdrehzahl *m*	engine becomes self-sustaining
Motor hochfahren auf 100 U / min *m*	stabilize an engine at 100 rpm
Motor in den Prüfstand einschleusen / fahren *m*	load an engine into the test stand
Motor ist *(zu diesem Zeitpunkt)* ausgekuppelt *m*	engine tickover
Motor mit Direkteinspritzung *m*	direct injection engine
Motor mit indirekter Einspritzung *m*	indirect injection engine
Motor mit oben liegender Nockenwelle (OHV-Motor) *m*	cam in head engine
Motor startet nicht *m*	engine refuses to start
Motor startet schlecht *m*	engine is difficult to start
Motor umdrehen *m*	invert an engine
Motor verfügt über eine größere Laufruhe *m*	engine is inherently quieter and smoother
Motor wird in die Leckteststation geschleust *m*	engine arrives at the leak test station
Motor, bei stationärem *m*	engine is stationary
Motor, den ~ abwürgen *m*	stall
Motor, funktionstüchtiger *m*	green / running / working engine
Motor, hochtouriger *m*	high-speed engine
Motor, hochverdichteter ~ mit besonders hoher Verwirbelung *m*	high compression swirl (HCS) engine
Motor, lauffähiger neuer *m*	working virgin engine
Motor, stationärer *m*	engine at rest
Motor, überholter *m*	overhauled engine
Motor, zu prüfender *m*	engine under test
Motor-Getriebeadaptierung *f*	engine marriage station
Motoraktor *m*	engine actuator
Motorattrappe *f*	dummy engine
Motoraufhängung *f*	engine mounting
Motoraufspannung *f*	engine mounting bracket
Motorbremshebel *m*	exhaust brake lever
Motordaten *pl*	engine size / tracking code / specifications
Motoren auf Fehler umbauen *m pl*	rebuild engines to failures
Motoren, gängige *m pl*	common engines
Motorentransportsystem *n*	engine conveyor system
Motorflansch *m*	engine flange
Motorgeräusch *n*	engine noise
Motor- und Zylinderkopfmontage *f*	engine and cylinder head assembly
Motorhalterung *f*	engine back-plate / bracket
Motorhauptkabelsatz / -leitungssatz *m*	engine (wiring) harness
Motorkennzeichnung *f*	engine identification code

Motorkonterstütze *f*	engine stabilizer probe
Motorkontrollampe *f*	check lamp
Motorkühlmittel *n*	engine coolant
Motorlager, linkes *n*	left-hand engine mount
Motorlager, rechtes *n*	right-hand engine mount
Motorlauf *m*	engine running (status)
Motorlauf, rauer *m*	rough engine running
Motorlauf, unökonomischer *m*	inefficient / uneven engine running
Motorlaufbeanstandung *f*	engine operation fault
Motorleistung *f*	engine performance / power
Motorleistung, mangelnde *f*	lack of power
Motorleistung, maximale *f*	maximum engine performance
Motorlüfter *m*	engine cooling fan
Motormanagement *n*	engine management system (EMS)
Motormarkierung *f*	engine stud
Motormontage *f*	engine assembly
Motorschieber *m*	motor-operated valve (MOV)
Motorschleppmomentregelung (MSR) *f*	drag torque control
Motorsensor *m*	engine sensor
Motorstart, schwieriger *m*	engine is difficult to start
Motorsteuergerät *n*	engine control unit (ECU), powertrain control module (PCM)
Motorsteuerung *f*	engine management system (ESM), engine timing, timing gear train
Motorstopp *m*	engine stop
Motorstopp, mit *m*	with the engine stopped
Motorsumpf *m*	oil pan
Motorteil *n*	engine component
Motortemperatur *f*	engine temperature
Motorträger *m*	engine mounting bracket
Motorumdrehung beginnt *f*	engine starts to turn
Motorvarianten *f pl*	engine variants
Motorvibrieren *n*	engine judder
Motorzentralstecker *m*	engine central plug
Motorzustand *m*	engine status
Muffe *f*	sleeving
müheloses Schalten *n*	smooth gear shift
Mulde *f*	recess
Multifunktionsanzeige *f*	trip computer
Mustermotor *m*	sample engine
Mutter, selbstsichernde *f*	self-locking nut
Mutternaufschrauber *m*	nutrunner

N

Nabe *f*	hub
Nabe, schwimmende *f*	loose hub
Nabenantrieb, schwimmend gelagerter *m*	floating hub type drive
Nabenmutter *f*	hub retaining nut
nach innen	inwards
nach oben drücken	press upwards
nach unten	downwards
Nacharbeit, große *f*	major repair
Nacharbeit, kleine *f*	minor repair
nacharbeiten	refinish, repair, rework
Nacharbeitsbereich *m*	repair / rework area / loop / station
Nacharbeitsstation *f*	repair / rework station
Nachbesserung *f*	rectification
Nachdieseln *n*	engine run-on
nachgeschaltet	downstream
Nachglühsystem *n*	post-heating sequence / system
nachladen *(Batterie)*	recharge
Nachlauf *m*	castor
Nachlaufbehälter *(Bremsflüssigkeit) m*	fluid reservoir
Nachlaufbohrung *(eines Zylinders) f*	feed bore / port
Nachlaufen *n*	engine run-on
nachrüstbar	expandable, retrofittable
nachrüsten	refurbish, upgrade
Nachschleifen, maximal bis *n*	maximum skimming depth
Nachstellvorrichtung, selbsttätige *f*	automatic adjuster
Nachtropfen des Öls *n*	oil dripping / drips
Nachverstellung in Kurbelwellengrad *f*	retard in crankshaft degrees
Nachweisbarkeit *f*	traceability
nachweisen, einen Fehler *m*	detect an error
Nadeldüse *f*	pintle-type injector
Nadelhubgeber / -sensor *m*	needle lift sensor (NLS)
Nadelhubgeberanzeige *f*	NLS output
Nadelhubsensor-Einspritzventil *n*	sensor injector assembly
Nadelventil *n*	needle valve
Nase *f*	hooked end, lug, tang
Nase, erhöhte *f*	raised lug
Navigationssystem *n*	navigation system
Nebenaggregat *n*	ancillary component
Nebenantrieb *m*	feed drive
nebeneinander anbringen	fit adjacent to one another
Nebenstrecke *(Transportsystem) f*	branch section
Nehmerzylinder *m*	slave cylinder
neigungsverstellbare Lenksäule *f*	rake column

Neigungsverstellung *(Lenkrad) f*	rake adjustment
Nenndrehzahl *f*	nominal speed
Nennwert, programmierter *m*	nominal programmed value
Netz(anschluss)gerät *n*	power supply unit (PSU)
Netzanschluss *m*	mains connection
Netzschalter *m*	power switch
Netzversorgung *f*	mains supply
Netzwerkanbindung / -verkabelung *f*	network wiring
neu positionieren	re-orientate, re-position
neu schneiden *(Gewinde)*	re-cut
nicht abgestimmt	not matched
nicht ausgerichtet	out of alignment
nicht einstellbar	non-adjustable
nicht in Berührung sein *f*	be clear of
nicht mehr vorhandener Fehler *m*	fault disappears
nicht reparabel	non-repairable, non-serviceable
nicht spezifiziert	unspecified
nicht wartungsfähig	non-serviceable
nicht zerlegt	fully assembled
nicht zu eng setzen *(Grenzwerte)*	be not too restrictive
nicht zu weit erstellen *(Grenzwerte)*	be not too wide open
Nichtmetall-Leitung *f*	non-metal pipe
Niederdruckanschluss *m*	low-pressure connection
Niederdruckförderung *f*	low-pressure feed
Niederdruckseite eines Aufnehmers *f*	low side of a transducer
Niederdrucksystem anlassen *n*	prime a low-pressure system
Niederdruckzustand *m*	low-pressure status
Niederhaltung *(hydraulische) f*	stabilizator
Niedervolt-Stromkreis *m*	low-voltage circuit
NIO *(nicht in Ordnung)* Abfrage *f*	NOK *(not okay)* sensor
NIO-Motoren *m pl*	NOK / rejected engines, rejects
NIO-Status *m*	fail, NOK, reject
Nivelliereinheit *f*	levelling unit
Nivellierplatte *f*	levelling plate
Nivellierung *f*	levelling
Nocken eines Nockenrings, nach innen gerichtete *m pl*	internal lobes of a cam ring
Nockengehäuseteil *n*	cambox component
Nockenleiste *f*	cam dog
Nockenring in die erforderliche Stellung bewegen *m*	place the cam in the required position
Nockenring *m*	cam (ring)
Nockenringbewegung *f*	cam movement
Nockenringbolzen *m*	cam ring pin
Nockenringhebel *m*	cam follower
Nockenringkalibrierung *f*	cam calibration
Nockenringstellung *f*	cam position

Nockenringsteuerung *f*	cam control
Nockenringsteuerung im offenen Regelkreis *f*	cam is under open-loop control, open-loop cam control
Nockenringüberwachung *f*	cam monitoring
Nockenringverstellschraube *f*	cam advance screw
Nockenringvorgabe *f*	cam step
Nockenringweg *m*	cam ring movement
nockenverriegelt	cam-locked
Nockenwelle mit Riemenantrieb *f*	belt-driven camshaft
Nockenwelle, oben liegende *f*	overhead camshaft
Nockenwellendeckel *m*	camshaft cover
Nockenwellengehäuse *n*	camshaft case, timing cover
Normalbetrieb *m*	normal operating mode
Not-Aus-Schalter *m*	emergency-off switch
Notbetrieb *m*	emergency / recovery mode, emergency strategy
Notbetrieb mit reduzierter Leistung *m*	derated / reduced-performance emergency mode
Notprogramm *n*	limited operation strategy (LOS)
Nullausgleichsantrieb *m*	zero backlash drive
Nulldurchgang (OT) *m*	top dead centre (TDC)
Null-Lage *(Nullpunkt) f*	zero
Nullserie *f*	pilot run
Nullverstellung *f*	zero advance position
Nut *(Keil) f*	keyway
Nut *(Langnut) f*	slot
Nut *(Vertiefung) f*	groove
Nutzfahrzeug, leichtes *n*	light commercial vehicle
Nutzhub *m*	effective stroke

O

oben *(ganz oben)*	uppermost
Oberflächengüte *f*	surface finish
Oberkasten *m*	header
Oberwelligkeit *f*	harmonics
Öffnungsdruck *m*	opening pressure
Öladapter für Ein- / Auslass *m*	oil inlet / outlet adapter
Ölbefüllung *f*	oil dispense / fill
öldicht	oil tight
Öldruck, dynamischer *m*	dynamic oil pressure
Öldruck, statischer *m*	static oil pressure
Öldruckkurve *f*	oil-pressure signature
Öldrucksensor *m*	oil pressure sensor
Ölkammer *f*	oil cavity / chamber
Ölkanal *m*	oil gallery
Ölpumpe *f*	oil pump
Ölraum *m*	oil cavity / chamber
Ölringleitung *f*	oil gallery, ring main of oil
Ölstand *m*	oil level
Ölstandschalter *m*	oil level switch
Ölversorgung *f*	oil supply (system)
Ölverteilerleitung *f*	oil gallery, ring main of oil
Ölverteilung *f*	oil dispense
Ölwanne nach unten ausgerichtet *f*	oil pan / sump down
Ölwannendichtfläche *f*	sump mating face
Ölwannenmontage *f*	oil pan assembly
On-Board-Diagnose (OBD) *f*	on-board diagnosis (OBD)
On-Spot-Verladung *f*	on-spot loading
optimieren	complete
optisch entkoppelt	optically decoupled
O-Ring, eingeklemmter *m*	trapped O-ring
Ortsnetz *(für hausinterne Kommunikation) n*	local area network (LAN)
Öse *f*	lug
oszillierend beim Datenaustausch *m*	oscillating during dialog
oszillierend während des Betriebs *m*	oscillating on initialisation
Overdrive *m*	overdrive (O / D)

P

Paket, schlüsselfertiges *n*	turn key package
Palette *f*	pallet, platen
Paletten, einheitliche *f pl*	uniform pallets
Palettenaufnahme *f*	fixture
Palettenbeschleuniger *m*	pallet accelerator
Palettenkonstruktion *f*	pallet design
Palettenpositionierung *f*	pallet locating device
Palettenstau *m*	pallet back-up
Paraffin *n*	wax
Paraffinbildung *f*	waxing problem
Paraffinkennwerte *m pl*	waxing characteristics
Parallelanschluss *m*	parallel port
Paralleldrucker *m*	parallel printer
Parallelität *(Bremsscheibe) f*	parallelism
Parallelreißer *m*	marking gauge
Parameter, fehlerhafter *m*	faulty parameter
Parameter, instabiler *m*	unstable parameter
Parameter, zugehöriger *m*	associated parameter
Parameterisierungsmodul *n*	setting module
Parameterwert, zuletzt bestätigter *m*	latest data validated for a parameter
Parametrieren *n*, Parametrierung *f*	set / specify parameters, parameterization
Parametrieren, präliminäres *n*	preliminary parameterization
Park-Pilot *m*, Parktronic *f*, *(Einparkassistent / -hilfe)*	park aid, park distance control (PDC)
Passbohrungen *f pl*	fitting holes
Passfeder *(Kurbelwellenrad) f*	key
Passfläche *f*	fitting / mating surface
passives Sicherheitssystem *(Fahrgastzelle) n*	passive occupant detection system
passives Sicherheitssystem *(Porsche) n*	Porsche side impact protection system (POSIP)
Passöse *f*	locating eye
Passring *m*	locating ring
Passscheibe *f*	spacer
Passschraube *f*	gauge ring
Passstift *m*	dowel / locating pin
Passstück *(an einer Pumpe) n*	spool piece
Pedal der Fußbremse *n*	footbrake pedal
Pedal, schwergängiges *n*	heavy clutch pedal
Pedalachse *f*	pedal pivot shaft
Pedaleinheit *f*	pedal box
Pedaleinstellvorrichtung, selbstnachstellende *f*	ratchet adjuster

Pedalerie *f*	pedal box
Pedalspiel *n*	free pedal travel, pedal movement
Pedalstellung, gleichmäßige Veränderung *der f*	move the pedal position slowly
Pedalverhältnis *n*	pedal ratio
Permanentspeicher *m*	non-volatile memory
Personal, technisches *n*	engineering staff
Personen, unbefugte *f pl*	unauthorized personnel
Pflichtenheft *n*	customer specifications
Phase „Motor läuft" *f*	engine running state
Phase „Vorstart" *f*	pre-crank state
Phase des Prüfzyklus *f*	test cycle step
Phasen eines Prüfzyklus: *(Pumpe) f pl*	test cycle steps: *(pump)*
Füllen	filling
Abstimmen	balance
Prüfen	test
Piezo-Element *n*	piezoelectrical element
Piezo-Injektor *m*	piezo-injector
Pinsperre *f*	pin (locking) tang
Pintaux-Düse *f*	Pintaux nozzle type
Pitting *n*	pitting
Platz ist äußerst knapp bemessen *m*	space is at premium
Platzbedarf *m*	space requirement
Platzvorhalt *m*	space allowance
Plausibilitätsprüfung der erfassten Werte, kontinuierliche *f*	continuous monitoring of / permanent check on the validity of the readings taken, plausibility test
Pleuelauge *n*	small end of conrod
Pleuellager *n*	connecting-rod bearing
Pleuelstangenlänge *f*	con rod length
Plombe *f*	lead seal
Plombendraht *m*	sealing wire
Pluspol einer Batterie *m*	battery positive terminal
Plusspannung *f*	positive voltage
Pneumatikschaltplan *m*	pneumatic schematic
Pneumatikschrauber Vierkant 3 / 8" *m*	pneumatic screwdriver 3 / 8" square drive
Pneumatikstellglied *n*	pneumatic actuator
Pneumatiksystem *n*	pneumatic circuit
Pneumatikzylinder *m*	pneumatic cylinder
Podest *n*	base, platform
polaritätsempfindlich	polarity-sensitive
Polgehäuse *n*	yoke housing
Polgehäuse mit Feldwicklungen *n*	yoke and field winding assembly
Polster *n*	buffer
Polytetrafluoräthylen-Dichtring *m*	polytetrafluoroethylene (PTFE) gasket
Poppen *(Reppen) n*	cycling valves, valve popping
Portalausführung *f*	overhead gantry

Portalträger *m*	transfer system
Position maximale Zündspätverstellung *f*	full retard position
Position, in ~ halten / sichern *f*	retain in position
Positionierbolzen *m*	positioning bolt
Positioniereinheit *f*	locating unit
positionieren, neu	re-orientate
Positionierfehler *m*	positioning error
Positioniergenauigkeit *f*	positioning accuracy
Positionieröse *f*	locating eye
Positionierung *f*	locating, positioning
Positionsabfrage *f*	position sensing
Positionsabsteckung *f*	position marking
Positionsnummer *(Stückliste) f*	item number
Positionsnummer *(Zeichnung) f*	reference number
Positionsregelung *f*	position control
Positionsschalter *m*	position switch
Positionssensor *m*	position sensor
Positionsstift *m*	positioning pin
Positionszylinder *m*	position cylinder
Präzisionstechnik *f*	precision engineering
pressen auf Maß *n*	press to dimension
pressen durch ein Ventil *n*	discharge through a valve
Pressstoffgehäuse *n*	moulded casing
Primärfeder *f*	compression spring
Primärkolben *m*	primary plunger
Prinzipdarstellung *f*	schematic diagram
Prinzipschaltbild *n*	block diagram
pro angefangener Woche *f*	per week / part of the week thereof
Probefahrt durchführen *f*	road-test a vehicle
probeweise untersuchen	check for integrity
Problem der Paraffinierung *n*	wax problem
Produktionsbereitschaft *f*	ready for production
Produktionsmittel *n pl*	production equipment
Produktionsmotoren *m pl*	series engines
Produktionszahlen *f pl*	production count
Produktursprung *m*	product source
Profildichtung *f*	profile gasket
Profilkolben *m*	profiled plunger
Profilscheitel *m*	apex of profile
Programm abstimmen auf einen Anwendungsbereich *n*	fine tune a program to an application
Programm, das auf Kundenwünsche abgestimmt ist *n*	custom-tailoring program
Programm, rechnereigenes *n*	program built-in to the PC
Programmausführung *f*	program execution
Programmierung *f*	programming
Programmstopp *m*	breakpoint, program stop

Programm wählen *n*	select a program
Projektablauf *m*	project procedure / schedule
Projektentwicklungsphase *f*	project design stage
Projektierungsphase / -stufe, endgültige *f*	final design phase / stage
Projektzeichnung *f*	planning drawing
Proportional-Integral-Differential-(PID)-Regelung *f*	proportional-integral-derivative (PID) control
Proportional-Integral-Differential-(PID)-Regler *m*	proportional-integral-derivative (PID) controller
Proportionalventil *n*	regulator valve
Protokoll *n*	log, report
Protokolldatei *f*	history / log file
protokollieren	record
Prozent, in ~ anzeigen *n*	show as a percentage
Prozess, qualitätskritischer *m*	quality critical process
Prozessanimation, grafische *f*	graphical process animation
Prozessentwicklung, integrierte *f*	integrated process development
Prozesssteuerung, statistische (SPS) *f*	programmable logic(al) control / controller (PLC)
Prozessüberprüfung, sequenzielle *f*	verification in process (VIP)
prozessüberwachte Werkzeuge *n pl*	integration of tooling
Prüfablauf *m*	test procedure / run / sequence
Prüfanforderung *f*	test requirement
Prüfanschluss *m*	sample pipe
Prüfanschluss Zündung *m*	engine timing diagnosis connection
Prüfaufbau *m*	test set-up
Prüfausrüstung *f*	test equipment, service test kit
Prüfbedingung, stabile *f*	stable test condition
Prüfbedingungen gewährleisten *f pl*	ensure test conditions
Prüfbereich *m*	test area
Prüfbetrieb *m*	testing operations
Prüfblock *m*	test block
Prüfbox *f*	break-out-box (BOB)
Prüfdaten *pl*	test data
Prüfdauer *f*	test duration / period
Prüfdeckel *m*	service cap
Prüfdrehzahl *f*	test speed
Prüfdruck *m*	test pressure
Prüfeinrichtung *f*	test device / equipment / facility / machine
Prüfeinspritzventil *n*	instrumented injector
Prüfelement *n*	test step
prüfen	check, examine, inspect, test, verify
Prüfen auf dem Rollenprüfstand *n*	roller testing
Prüfen des Rückwärtsgangs *n*	reverse gear test
Prüfen des Schleppmoments *n*	torque to turn test
Prüfen durch Vergleich *n*	comparator check
Prüfen mit Luft *n*	air test (process)

Prüfen vor der Demontage *n*	pre-dismantling test
prüfen, Gültigkeit eines Wertes über den gesamten Bereich *f*	check the validity of a value over its entire range
Prüfergebnis *n*	test result
Prüfergebnisse einem Motor zuordnen *n pl*	log test results against the engine
Prüfergebnisse verfälschen *n pl*	corrupt test results
Prüfflüssigkeit *f*	test fluid / medium
Prüffolge *f*	test sequence
Prüfgerät einem Zyklus unterziehen *n*	cycle a tester
Prüfgerät *n*	test apparatus / equipment / unit, tester
Prüfgerät umschalten auf Stufe 2 *n*	advance the tester to step 2
Prüfgerät, elektronisches *n*	electronic test kit (ETK)
Prüfgerät, mobiles *n*	mobile test unit
Prüfgrenzen *f pl*	test limits
Prüfkonzept *n*	design for test
Prüfkreis *m*	test circuit
Prüflauf *m*	test run / sequence, session
Prüfling *m*	test piece, unit under test
Prüfmedium *n*	test fluid / medium
Prüfmodul zur Spritzbildanalyse von Einspritzventilen *n*	universal injector spray pattern analyzer
Prüfmodus *m*	test mode
Prüfmöglichkeiten *f pl*	test capabilities
Prüföffnung *f*	inspection aperture
Prüföl *n*	test oil
Prüfparameter *m*	test parameter
Prüfplan auswählen *m*	select a test plan
Prüfplan bearbeiten *m*	edit a test plan
Prüfplan erstellen *m*	create / generate a test plan
Prüfplan *m*	test plan / program, session
Prüfplatte *f*	inspection plate
Prüfpneumatik *f*	test pneumatics
Prüfprogramm *n*	overcheck test plan, test program / plan
Prüfprogramm automatisch anwählen *n*	select a test program automatically
Prüfprogramm erstellen *n*	generate a test plan
Prüfprogramm, motorspezifisches *n*	engine-specific test program
Prüfprotokoll *n*	test report
Prüfschritt *m*	test element / step
Prüfsequenz *f*	test sequence
Prüfsoftware *f*	test software
Prüfspannung *f*	default / test voltage
Prüfstand für ölbefüllte Getriebe *m*	transmission wet test stand
Prüfstand *m*	test bench / machine / rig / stand
Prüfstand, auf einem ~ testen *m*	be subjected to rig testing
Prüfstandsauslegung *f*	test stand design, type of test bench
Prüfstandsbetrieb *m*	test bench operation
Prüfstandsbett *n*	test bench bed

prüfstandsfest installiert	permanently attached / fitted to the test stand
Prüfstandsrechner *m*	test stand computer
Prüfstandssensorik *f*	test stand sensors
Prüfstandssequenz *f*	test stand sequence
Prüfstandssteuerung *f*	test stand control system
Prüfstatus *m*	test status
Prüfstopfen *m*	inspection plug
Prüfteil entlüften *n*	vent a test part
Prüftemperatur *f*	test temperature
Prüfung *f*	examination, inspection, test
Prüfung auf der Straße *f*	on-the-road test, road testing
Prüfung durchführen *f*	carry out / run a test
Prüfung erfolgreich durchlaufen *f*	pass a test
Prüfung nicht erfolgreich durchlaufen *f*	fail a test
Prüfungen wiederholen *f pl*	carry out tests again, retest
Prüfverfahren abfragen *n*	consult a test method / procedure
Prüfvorgang, aktueller *m*	test status
Prüfvorrichtung *f*	test fixture
Prüfwert *m*	default reading / value
Prüfwiederholbarkeit *f*	test repeatability
Prüfzeit, programmierte *f*	programmed test time
Prüfzyklus *m*	test cycle
Prüfzyklus abbrechen *m*	abort a test cycle
Prüfzyklus beenden *m*	complete a test cycle
Prüfzyklus beginnen *m*	start a test cycle
Puffer *(Dämpfer) m*	dashpot
Puffer für weitere Arbeitsgänge *m*	queuing for any of the various operations
Pufferbatterie *f*	standby power battery
Pulsationsdämpfer, pneumatischer *m*	snubber *(AE)*
Pulsbreitenmodulation *f*	pulse width modulation (PWM)
Pulsgeber *m*	pulse generator
Pumpe, außengelagerte *f*	unsupported pump
Pumpe befüllen *f*	filling, priming
Pumpe, hydraulisch geregelte / gesteuerte *f*	hydraulically controlled / governed pump
Pumpe, innengelagerte *f*	supported pump
Pumpe, mechanisch geregelte / gesteuerte *f*	mechanically controlled / governed pump
Pumpe, pulsationsarme *f*	pulsation-low pump
Pumpe, selbstansaugende *f*	unsupported pump
Pumpe, überholte *f*	reconditioned pump
Pumpe, wartungsfähige *f*	repairable pump
Pumpe, zu prüfende *f*	pump under test
Pumpelement *n*	pumping element
Pumpenauslass *m*	pump outlet
Pumpenblatt *n*	pump blade
Pumpenbuchse *f*	pump liner
Pumpendrehzahl *f*	pump speed
Pumpendrehzahlring *m*	pump timing ring

Pumpeneinlass *m*	pump inlet
Pumpenflügel *m*	pump blade / vane
Pumpenförderdruck *m*	pump output
Pumpengehäuse *n*	pump housing
Pumpenjustierschraube *f*	pump bolt-up
Pumpenleistung *f*	pump performance
Pumpenprüfling *m*	pump under test
Pumpenstecker *m*	pump connector / plug
Pumpensteckerdeckel *m*	pump connector cover
Pumpentemperatur *f*	pump temperature
Pumpenumdrehung *f*	pump revolution
Pumpgrenze *f*	surge limit
Pumpgrenzregler *m*	anti-surge controller
Pumpkolben *m*	pumping plunger
Pumpleistung *f*	pumping rate
Punkt, höchster *m*	peak
Punktabfrage *(Steuersystem) f*	short signal actuator
Punktabfrage *(Transportsystem) f*	punctual monitoring conveyor

Q

Qualitätssicherung *f*	audit
Qualitätsmerkmal *n*	quality feature
Quelllüftung *f*	fresh-air blower
Querband *(Transportsystem) n*	cross conveyor
Querbeschleunigung *f*	cross acceleration
Querbohrung *f*	transverse hole
Querförderer *m*	shuttle conveyor
Querprofil *n*	section crossmember
Querschnitt des Spritzbildes ausleuchten *m*	illuminate the spray pattern at the cross section
Querschnitt einer Öffnung *m*	effective area of an orifice
Querstrebe *f*	cross strut
Querverweis *m*	cross-reference
Querwelle *f*	cross shaft

R

Räder geradeaus einschlagen *n pl*	set the wheels in the straight-ahead position
Radialspiel der Antriebswelle *n*	drive shaft radial play
Radialverdichter *m*	centrifugal compressor
Radlager *n*	active sensor bearing (ASB)
Rampensteigung *f*	ramp gradient
Randbedingung *f*	peripheral / secondary condition
Rangierheber *m*	trolley jack
Rasseln im Leerlauf *n*	(gearbox) idle rattle
Rastenbogen für die Handbremse *m*	notched bow for the handbrake
Rastenstange *f*	notched rod
Ratsche *f*	ratchet, retainer
Rattern von Düsen während eines Tests *n*	'chatter' of nozzles during a test
Raumaufteilung *f*	floor plan
Reaktion auf Steuersignale *f*	response to control signals
Reaktionskraft *f*	bearing pressure / reaction / stress force
Reaktionsscheibe *f*	reaction disk
Reaktionszeit *f*	response time
rechentechnisch aufbereitet	configurated for internal use in the computer
Rechner für Fahrzeugverhalten *m*	handling system computer
Rechnerkabel *n*	computer cable
Rechtecksignal *n*	square wave signal
Redundanzprüfung *f*	redundant checking
Reduzierung, vorzeitige *f*	premature reduction
Reduzierventil *n*	snubber valve *(AE)*
Referenz Fahrzeughersteller *f*	OE Ref.(erence)
Referenzschaltkurve *f*	master shift curve
regelbar	variable-demand
Regeleinheit *f*	actuator
Regelfaktor *m*	controlling factor
Regelhülse *f*	timing collar
regelmäßiger Service *m*	service fix
Regelung, hochgenaue *f*	extremely precise control
Regelventil *n*	control valve
registrieren *(Fehler)*	record
Regleranschlagscheibe *f*	governor thrust washer
Reglerarm *m*	control lever
Reglerdeckel *m*	control / governor cover
Reglergestänge *n*	governor linkage
Reglergewicht *n*	governor weight
Reglergewichtskäfig *m*	governor weight cage
Reglerkonsole *f*	control bracket
Reglerplatte *f*	governor control plate

Reglerspindel *f*	control shaft
Reglersteuerung *f*	governor control
Reglerwelle *f*	control shaft
Reglerzugfeder *f*	governor main spring
Reibbelag Halteeinrichtung *m*	friction stop release mechanism
Reifen mit sehr hohem Längenverhältnis *m*	high aspect ratio tire
Reifendruckkontrolle / -verlustwarnung *f*	inflatable restraint electronics
Reifendruck-Überwachung *f*	tyre pressure monitoring
Reihenfolge, umgekehrte *f*	reverse order
reihengeschaltete Batteriezellen im Strang *f pl*	series battery strings
Reihenmotor *m*	inline engine
Reinigungsgerät *n*	cleaning kit
Reinseite eines Filters *f*	clean side of a filter
Reißleine *f*	pull cord
Reißnadel *f*	scriber
Reiter *(Nocken) m*	cam
reklamieren, während der Garantie *f*	claim / return under warranty, submit a warranty claim
Relais ansteuern *n*	energize a relay
Relais ist verklebt *n*	relay is sticking
relativ gleichmäßig	fairly even
reparabel	repairable
Reparaturanweisungen *f pl*	repair guidance / instructions
Reparaturausrüstung *f*	service equipment / kit
Reparatursatz *m*	servive kit
Reparaturzone *f*	repair station
reparierbar	fully serviceable
Reppen *(Poppen) n*	cycling valves, valve popping
Reproduzierbarkeit *f*	repeatability
reproduzieren *(Fehler)*	recreate
Reserve *f*	spare capacity
Restanschlageinstellung *f*	residual adjustment
Restdruck *m*	residual pressure
Restfehlerrate *f*	residual error rate
Restmenge Öl *f*	residual oil
Revisionszeichnung *f*	as-built drawing
Richtmaß *n*	recommended dimension
Richtschraube *f*	alignment screw
Richtung, nur in einer ~ wirkend *f*	unidirectional
Richtwert *m*	reference value
Riefenbildung *f*	scoring
Riegel *(Bolzen) m*	key
Riemenscheibe *f*	pulley
Ringanschluss *m*	banjo
Ringbolzen *m*	eye bolt
Ringhalter *m*	ring bracket
Ringleitung *f*	ring main

Ringmaske *f*	angular mask
Ringnut *f*	angular groove
Ringscheibe *f*	washer
Ringschraube *f*	ring dowel
Ringspannung *f*	edge / tangential stress
Ringspeicher *m*	rotating storage system
Ringventil *n*	poppet valve
robust	rigid
Rohdaten *pl*	rough data
Rohranschluss *m*	pipe connector
röhrenförmig	tubular
Rohrleitungsanschluss, gebördelter *m*	bundy-type union
Rohrverschraubung *f*	union
Rohteil *n*	blank product
Rollen und Schuhe *pl*	rollers and shoes
Rollenförderer *m*	roller conveyor
Rollenführung *f*	guide rollers
Rollenprüfstand *m*	roller test stand
Rollenstößel *(mechanisch) m*	roller tappet
Rollenwagen *m*	wheel-up unit
Rollvorrichtung für Verkabelung *f*	energy chain arrangement
Rotorablass *m*	rotor drain
Rotormanschette *f*	rotor collar
Rotorsteuersignal *n*	rotor monitoring signal
Rotorzulauf *m*	rotor feed
„Rubbeln“ der Bremsen *n*	brake 'judder'
Rückentleerung *f*	draining back
rückentlüften	back bleed
Rückführung von Adaptern *f*	adapter recirculation
Rückführung, langsame *f*	slow return
Rückhalteventil *n*	retaining valve
Rückhaltung *f*	retention
Rückholfeder *f*	reset / return spring
Rückhub *m*	return stroke
Rückkopplung *f*	feedback
Rücklauf *m*	backleak, return movement / stroke / travel
Rücklauf, langsamer *m*	slow return
Rücklaufabgleich *m*	backleak trim mode
Rücklaufanschluss *m*	backleak connection
Rückläufer innerhalb der Garantiezeit *m pl*	warranty claims
Rücklaufkreis *m*	return flow circuit
Rücklaufleitung *f*	return pipe
Rücklaufmenge aus dem Zylinderkopf *f*	cylinder head backleakage
Rücklaufsperre einer Palette *f*	pallet latch
Rücklaufventil *n*	backleak / return valve
Rückmeldung *f*	feedback
Rückmontage *f*	restoring work

Rückschlagen der Zündung *n*	backfire
Rückschlagventil *n*	check / non-return valve
Rückschlagventil am Auslass *n*	outlet non-return valve
Rückschlagventil am Einlass *n*	inlet non-return valve
Rückseite *f*	rear (panel)
Rückstellfeder *f*	reset / return spring
Rückstellkraft *f*	reset force
Rückstellsystem *n*	pull-down system
Rückwandverschraubung *f*	rear wall screws
Rückwärtskupplung *f*	reverse pull type clutch
Rückzugsfeder *f*	return spring
Ruhelage, in *f*	in static conditions
Ruhestellung *f*	rest position
Rumpfmontage *f*	short block assembly
Rumpfmotor *m*	short block
Rundenanzeiger *(Rennsport) m*	lap indicator
runder Zapfen *(am Ausrückhebel) m*	round trunnion
Rundtakttisch *m*	rotary table, turntable
Rußpartikel-Filtersystem *n*	diesel exhaust filter, soot filter
Rüstadapter *m*	dress adapter
Rüstplatz *m*	dress station
Rüststatus eines Motorblocks *m*	block features
Rüststopfen *m*	dress adapter
Rüstteil *n*	dress item
Rüstzustand *(des Motors) m*	final dress assembly
Rutschen eines Antriebsrades *n*	drive wheel is slipping
rutschfest	anti-skid
Rutschkupplung *f*	release clutch

S

Sammelbehälter *(eines Filters) m*	collecting bowl
Sammelfehler *m*	machine fault
Sammelkettenförderer *m*	accumulatin<g chain conveyor
Sammelstörung *f*	machine fault
Sammeltopf *(eines Filters) m*	collecting bowl
Satellitennavigation *f*	global positioning system (GPS)
Sätze, vorgefertigte *m pl*	ready-to-fit kits
Sauerstoffmenge *f*	amount of oxygen
Saug- und Druckschlauch *m*	inlet and outlet hose
Sauganlage *f*	suction feed system
Saugbohrung *f*	inlet bore
Saugförderung *f*	suction feed
Sauggebläse *n*	exhauster
Saugleitung *f*	inlet hose, take-off pipe
Saugmodul *n*	suction head
Saugmotor *m*	naturally-aspirated engine
Saugpumpe *f*	drain pump
Saugrohr *n*	intake / suction manifold / pipe
Saugsystem *n*	suction feed system
Säulengestell *n*	column mount
Schadstoffemission, minimale *f*	sharply reduced exhaust emission
Schadstoffreduzierung *f*	exhaust aftertreatment system
Schalldruckpegel *m*	sound pressure level
Schallintensität *f*	sound power level
Schallpegel (SP) *m*	noise level (NL)
Schaltanlage, zentrale *f*	central switchgear
Schaltaufwand *m*	shift effort
Schaltbild Ausgang *n*	output wiring diagram
Schaltbild Eingang *n*	input wiring diagram
Schaltelement *n*	switching element
schalten auf 0 Volt	select to 0V
Schalten durch alle Gänge *n*	shifting through all gears
Schalten per Side-Stick *n*	shift-by-wire
schalten, einen Prüf- / Standardwert *m*	use a default reading / value
Schalter stellen auf *m*	turn a switch to
Schalterbauteil *n*	switch assembly
Schaltfläche eines Getriebes *f*	gear face
Schaltgabel *f*	selector fork
Schaltgefühl *n*	shift feeling
Schaltgestänge *n*	gear linkage, shift rod
Schalthebel *m*	control / gearshift / speed-change lever
Schalthebel-Faltenbalg *m*	gear / shift lever gaiter
Schalthebelweg *m*	travel of the shift lever

Schaltkabel *n*	selector / shifting cable
Schaltkraftmessung *f*	shift force measurement
Schaltkreis *m*	circuit
Schaltkulisse *f*	(gear) shifting gate
Schaltkulissendeckel *m*	gear gate cover
Schaltkurve *f*	shift analysis curve
Schaltmatte *(Airbag) f*	shift mat
Schaltnocken *m*	trip cam
Schaltplan *m*	circuit diagram
Schaltplatte *(Getriebe) f*	valve body
Schaltprogrammwahl *f*	transmission control
Schaltschrank *m*	cabinet, electrical enclosure
Schaltschütz *n*	contactor
Schaltschwierigkeit *f*	difficult engagement
Schaltstange *f*	selector rod
Schaltuhr *f*	timer
Schaltung *f*	circuit
Schaltventil eines Getriebes *n*	shift valve / solenoid
Schaltzylinder *m*	control cylinder
schaufelförmig	blade type
Schauglas *n*	inspection glass
Schauloch *n*	inspection aperture / hole
Scheibe, rutschfeste *f*	anti-skid shim
Scheibengröße *f*	shim range
Scheibenschlag *(Bremse) m*	disc run-out
Scheibenstärke *f*	shim thickness
Scherenhubtisch *m*	scissors-type elevator platform
Schichtladebetrieb *m*	stratified-charge operation
Schichtladung *f*	stratified charge
Schiebestück *(Lenkspindel) n*	sliding element
Schiebetischspeicher *(Transportsystem) m*	shuttle (conveyor), sliding table including wait loop
Schiffsmotor *m*	marine engine
Schlacke, metallische *f*	tappings
Schlagbeanspruchung *f*	effect of impact
Schlagschrauber *m*	impact wrench
Schleifpartikel *pl*	abrasive particles
Schleifstoff *m*	abrasive material
Schleppen des Motors *n*	torque test
Schlepphebel *m*	cam follower, rocker lever
Schleppleistung *f*	drag efficiency / power
Schleppmoment *(Getriebe) n*	drag torque
Schleppmoment-Prüfung *f*	drag torque / torque to turn test
Schleppstation *f*	driving station
Schleuderscheibe *f*	centrifugal plate
Schleuderschmierung *f*	splash-oil lubrication
Schliere eines Spritzstrahls *f*	streak of a spray

Schließkeil *m*	lock striker
Schließwinkel *m*	dwell angle
Schlitten *m*	carriage, saddle, way and slide assembly
Schlitten, weit verfahrbarer *m*	long travel saddle
Schlittenträger *m*	slide bracket
Schlüssel, ein- / mehrnutiger *m*	single-bed / multi-bed key
schlüsselbetätigt	key-operated
Schlüsselschalter *m*	keyswitch
Schmiernut *f*	lubrication groove, greasing spline
Schmierölbohrung *f*	lubricating drilling
Schmutzeintritt *m*	collecting dirt
Schmutzseite eines Filters *f*	dirty side of a filter
Schnappdichtung *f*	snap-on seal
Schnapper *m*	latch, spring-loaded catch
Schnappfeder *f*	catch spring
Schnappstecker *m*	snap connector
Schnappverschluss *(Füllstutzen) m*	captive cap
Schnecken- und Zahnradantrieb *m*	worm and gear drive
Schneckengestänge *n*	scroll link
Schneidring *m*	olive
Schneidringfittings *pl*	olive fittings
Schneidringverschraubung *f*	bolt type fittings
Schneidstrahl *m*	spray of great penetration capability
schnell laden *(Batterie)*	fast charge
Schnellgang *m*	overdrive
Schnellspanner *m*	quick clamp
Schnellverschluss *m*	quick-connect coupling
Schnittstelle, erweiterbare *f*	expandable interface
Schnittstelle, serielle *f*	serial interface
Schnittstellenmodul *n*	interface module
Schongang als 5. Gang *m*	overdrive ratio for fifth gear
Schongang, zuschaltbarer *m*	overdrive ratio
Schraubeinspritzventil *n*	screw-in injector
Schraubenanzugsmoment *n*	bolt torque
Schraubenbefestigung *f*	screw mounting
Schraubendreher mit flacher Klinge *m*	flat-bladed screwdriver
Schraubenfeder *f*	coil spring
Schraubenflansch *m*	helical flange
Schrauber *m*	nutrunner
Schraubfilter *m*	spin-on / spin-type filter
Schraubschelle *f*	screw and nut clamp
Schraubverbindung *f*	screwed end fitting
Schrittmotor *m*	steppper motor
Schubaufnahmefläche *f*	thrust face
Schubaufnahmeseite in Drehrichtung *f*	thrust side
Schubbetrieb *(Transportsystem) m*	trap and slide system
Schulter *(eines Achsschenkels) f*	collar

schüsselförmig *(Kammer)*	bowl-shaped
Schutzbrille *f*	safety glasses
Schutzeinrichtung *f*	safety device
Schutzfaktor *m*	protection feature
Schutzgitter *n*	protective grating
Schutzhülse *f*	protection sleeve
Schutzkappe *f*	protection cap
Schutzmanschette *f*	protection collar
Schutzmuffe *f*	protective sleeving
Schutzrohr *n*	sleeve pipe
Schutzschalter *m*	safety switch
Schutzscheibe *f*	washer
Schutztür *f*	protective guard with sensor monitored maintenance door
Schwachstromdüse *f*	low-energy nozzle
schwanken *(Drehzahl)*	surge, vary
Schwankung *f*	variation
Schwebehöhe *(eines Kolbens) f*	floating height
Schwellenwert überschreiten *m*	exceed a threshold (limit)
Schwellenwert, vorgegebener *m*	given programmed threshold
schwenkbar *(Deckel am Füllstutzen)*	hinged
Schwenkverschraubung *f*	angular bolting
schwer entflammbar	fire-retardent
schwergängiges Pedal *n*	heavy clutch pedal
Schwerkraftförderer *m*	free roller conveyor
Schwerlastfahrzeug *n*	heavy duty vehicle
Schwerpunkt einstellen *m*	maintain the (proper) centre of gravity
schwimmend gelagert	floating
schwimmend gelagerte Doppelscheibe *f*	twin floating disc
schwimmende Nabe *f*	loose hub
Schwimmer, antriebsseitig angebrachter *m*	drive end float
Schwingförderer *m*	bowl feeder
Schwingungen hervorrufen *f pl*	cause vibration
schwingungsdämpfend	vibration reducing
schwingungsfrei	non-vibrating
schwingungssteif	vibration-resistant
Schwungrad mit Kupplungsaufnahme *n*	pot type flywheel
Schwungrad, mehrstufiges *n*	multiple plate flywheel
Sechskantadapter *m*	hexagonal end fitting
Sechskantbohrung *f*	hexagon hole
Segmentmaske *f*	segmental mask
Seitenaufprallsensor *m*	side detection sensor
Seitenfläche *f*	side face
Seitenplatte *f*	cheek plate
seitlich	lateral, sideways
seitlich angebracht	side-mounted
Sekundäreinspritzung *f*	secondary injection

Sekundärfiltergruppe *f*	secondary filter assembly
Sekundärkolben *m*	secondary plunger
Selbstdiagnosesystem *n*	self-diagnosis system, self-test diagnostics
Selbstentlüftung *f*	self-venting
selbstnachstellende Pedaleinstellvorrichtung *f*	ratchet adjuster
selbsttätige Nachstellvorrichtung *f*	automatic adjuster
Selbsttestsystem *n*	self-test diagnostics
selbstzentrierend	over-centre
selektives Dämpfungssystem *n*	adaptive damping system (ADS)
Senkbohrung, zylindrische *f*	counterbore
Sensor, an der Pumpe angebrachter *m*	pump-mounted sensor
Sensor, induktiver *m*	inductive sensor
Sensorbolzen *m*	sensor key
Sensordecodierung *f*	sensor decoding
Sensoreinsatz *m*	sensor core
Sensorik *f*	sensors
Sensorkern *m*	sensor core
Sensorstift *m*	sensor pin
Sensorträger *m*	sensor support
Separator *(Batterie) m*	separator
Serienanlage *f*	production system
Seriendrucker *m*	serial printer
Serienprüfstand *m*	production machine / test stand
Serienstreuung *f*	series spread / variance, spread in characteristics, variance of data, scattering
Service, regelmäßiger *m*	service fix
Servolenkung, elektrische *f*	electric power steering (EPS)
Setzzeit *f*	stabilization time / period
Shortblock-Montage *f*	short block assembly
Shuttleförderer *m*	shuttle conveyor
Sicherheitsabdeckung *f*	safety cover
Sicherheitsbestimmung *f*	safety provision
Sicherheitseinrichtungen *f pl*	safety equipment
Sicherheitsfaktor *m*	safety feature
Sicherheitskonzept / -system, aktives und passives *n*	combined active and passive safety system (CAPS)
Sicherheitsleine *f*	pull cord
sicherheitsrelevante Komponenten *f pl*	safety critical components
Sicherheitsrisiko darstellen *n*	be a safety hazard
Sicherheitsschalter *m*	safety switch
Sicherheitsschaltung *f*	interlock system, safety circuit
Sicherheitsschuhe *m pl*	safety footwear
Sicherheitssystem *(mit Airbag) n*	supplementary restraint system (SRS)
Sicherheitssystem, passives *(Porsche) n*	Porsche side impact protection system (POSIP)
Sicherheitssysteme, vorausschauende *n pl*	predictive safety
Sicherheitszaun *m*	guarding

sichern	ensure, guarantee, guard
sichern, die Funktionstüchtigkeit *f*	ensure satisfactory performance
Sicherungsblech *n*	lock tab, lock(ing) washer
Sicherungsbolzen *m*	safety bolt
Sicherungsfahne *f*	retaining lug
Sicherungshülse *f*	retainer
Sicherungsklemme *f*	retaining clip
Sicherungsmutter *f*	lock-nut
Sicherungsring *m*	circlip, retaining circlip / clip, snap-ring, tang
Sicherungsringnut *f*	circlip groove
Sicherungsscheibe *f*	mounting face, lock(ing) / table washer
Sicherungsstreifen *m*	lockstrap
Sichtglas *n*	sight glass
Sichtprüfung *f*	visual check / inspection
Sieb *n*	screen
Siebweite *f*	mesh
Signal *n*	instruction, signal
Signal an die DCU *n*	DCU receives a reading
Signal bereitstellen *n*	provide a signal
Signal des Abschaltventils *n*	shut-off valve closing command
Signal Drehzahlmesser *n*	tachometer output
Signal Fahrzeuggeschwindigkeit *n*	vehicle speed signal
Signal übermitteln an *n*	apply / transmit a signal to
Signal vom Nadelhubsensor *n*	injector needle lift signal
Signalabweichung *f*	signal variation
Signalaufbereitung *f*	signal processing
Signalaufbereitungsgestell *n*	signal processing rack
Signalbündel *n*	group of signals
Signalerscheinungsbild *n*	sensor signature
Signalkopie *f*	signal copy
Signal-Status „aufwärts" / „additiv" *m*	signal status 'up'
Signalverarbeitungseinheit *f*	signal processing unit
Signalwirkung *f*	signalling function
Simmering *m*	lip seal
Software für Prozesssteuerung, -überwachung und -analyse *f*	configurable architecture for processing, analysis and control (CAPAC)
Softwareerweiterung *f*	software expansion
solide	rigid, solid-state
Soll *n*	(specified) demand
Solldurchmesser *m*	specified diameter
Sollmaß *n*	specified size
Soll-Weg, mehr als ~ *m*	overstroke
Sollwert des Durchflusses *m*	flow required
Sollwertgeber *m*	reference element
Sonde *f*	probe
Sonderausführung, -ausrüstung, -ausstattung *f*	special features

Sondermüll *m*	hazardous waste
Sondierungsgerät *n*	probing tool
Spalt, enger / kleiner *m*	narrow gap
Spaltmaß der Starterklappen, maximales *n*	maximum vacuum pulldown
Späne *m pl*	swarf
Spannbügel *m*	adjusting strap
Spanndraht *m*	anchoring wire
Spannfutter *n*	collar
Spannkraft *f*	clamping force
Spannplatte *f*	clamp(ing) plate
Spannpratze *f*	clamping shoe
Spannschraube *f*	locking screw
Spannstift *m*	tension pin
Spannung, unerwünschte *f*	external voltage (VEXT)
Spannungsanzeige *f*	voltmeter reading
Spannungsfall *m*	voltage drop
Spannungsfall der Batterie messen *m*	carry out a battery Volt-drop test
Spannungsspitze *f*	voltage peak
Spannungsüberlast *f*	voltage overload
Spannverschluss *m*	toggle-type fastener
Spannvorrichtung *f*	clamping fixture / tooling, tooling (fixture)
Spannzange *f*	collet tool
Speicher, sensorabhängiger *m*	on-sensor memory
Speicherauszug *m*	snapshot
Speicherbatterie *f*	standby power battery
Speicherbereich *(von Werkstücken usw.) m*	accumulating area
Speichertank *m*	bulk reservoir
Speicherung von Applikationsdaten *f*	application data held in memory
Speicherung von Daten *f*	data filing
Speicherutensilien *pl*	storing facilities
Speicherventil *n*	accumulator valve
Speicherzone *f*	accumulation area
Sperre *f*	baffle, tang
Sperrfeder *f*	retaining spring
Sperrklinke *f*	pawl
Sperrschraube *f*	stop screw
Sperrstift *m*	detent pin
Sperrventil *n*	lock-off valve
Spezialvorrichtung *f* / -werkzeug *n*	special tool
Spezifikation, entsprechend der ~ einstellen *f*	set initially to specification
spezifikationsgerecht	on-spec
spezifiziert	specified
Spielausgleichskupplung *f*	anti-backlash coupling
spielfrei einspannen	clamp at zero backlash / tightly
Spindelbuchse / -steckhülse *f*	spindle socket
Spinnenadapter *m*	spider adapter
Spintest *m*	spin test

Spirale eines Wärmetauschers *f*	heat exchanger spiral
Spitze *(Hochdruck) f*	spikes
Spitzenabrundung *f*	nose radius
Spitzenhöhe *f*	peak height
Spitzenstreuung *f*	spike leakage
Spitzzange *f*	thin-nosed pliers
Sportwagen, rasanter *m*	hot hatchback (vehicle)
Spreizkeilvorrichtung *f*	wedge
Sprengring *m*	lock(ing) washer
Springen *(Anschlagen)* des Nockenrings *n*	cam ring 'bounce'
Spritzbild *n*	spray formation / pattern
Spritzbild, gutes *n*	acceptable / well-formed spray pattern
Spritzbild, schlechtes *n*	unacceptable spray pattern
Spritzbildanalyse, optische *f*	optical (injector) spray pattern analysis
Spritzblech *n*	baffle
Spritzloch, zusätzliches *n*	auxiliary spray hole
Spritzstrahl *m*	spray
Spritzstrahl, völlig zerstäubter *m*	fully atomized spray
Spritzstrahlentwicklung *f*	spray development
Spritzversteller *m*	advance / timing device / gauge
Spritzversteller, statischer *m*	static timing device
Spritzverstellkolben *m*	advance piston
Spritzverstellmagnetventil *n*	timing advance solenoid valve
Spritzverstellsensor *m*	advance sensor
Spritzverstellung (SV) *f*	injection advance / timing
Spritzverstellung, elektronische *f*	electronic control of advance
Spritzzeitpunkt *m*	point of commencement of injection in the engine cycle
Spritzzeitpunktverstellung *f*	injection timing
Sprühstrahl *m*	spray
SPS-Kamm *m*	PLC-ridge
Spule mit Ferritkern *f*	ferrit-core coil
Spurhaltigkeit *f*	steering shake
Stabilisierung der Prüfgeräteanzeige *f*	stabilizing meter readings
Stabilisierungszeit *f*	stabilization time / period
Stabilitäts- und Traktionskontrolle, automatische (ASC+T) *f*	active body + traction control (ABC + T)
Stabilitätskontrolle, automatische *f*	active body control (ABC), automatic stability control (ASC)
Stabilitätskontrolle, dynamische *f*	dynamic stability control (DSC)
Stabilitätsprogramm, dynamisches *n*	dynamic stability control (DSC)
Stabilitätsprogramm, elektronisches (ESP) *n*	electronic traction control (ETC)
Stahl(hohl)profil *n*	hollow section steel
Stahlscheibe *f*	steel washer
Stahlstützen *f pl*	supporting steelwork
Stall-Anschlag *m*	anti-stall stop
Stall-Anschlageinstellung *f*	anti-stall delivery

Stall-Anschlagschraube *f*	anti-stall screw
Stall-Anschlagstellung *f*	anti-stall stop
Standard, technischer ~ für Entwicklung und Fertigung *m*	technical design and manufacturing standard
Standardbetrieb *m*	normal operation
Standardfilter *m*	standard filter
Standardprogramm *n*	limp home strategy (LHS)
Standardschwungrad *n*	solid flywheel
Standardwert *m*	default / fixed value
Standardwert schalten *m*	use a default value
Standby-Batterie *f*	standby power battery
Standmontage *f*	stationary assembly
Standrohr *n*	standpipe
Standtest *m*	static test
starr angeordnet	rigidly arranged
starr verbunden	rigidly coupled
starr zueinander befestigt	mounted rigidly relative to each other
Start durch Impulssignal *m*	TIP start
Start- und Berstkennfelder *n pl*	choking and burst characteristics
Startautomatik *f*	automatic choke
Startkennfeld *n*	choking characteristics
Startmehrmenge *f*	excess fuel delivery
Startmehrmenge unterbrochen *f*	excess fuel disengaged
Startmehrmenge zugeschaltet *f*	excess fuel engaged
Startmehrmengen-Differenzdruckventil *n*	excess fuel differential valve
Startmehrmengenschlitten *m*	excess fuel carriage assembly
Startmehrmengensystem *n*	excess fuel delivery system
Startmenü *n*	start up menu
Startphase *f*	starting sequence
Startstellung *f*	starting position
Startversuch, vergeblicher *m*	refusing to start
Startverzögerung *f*	start-retard function
Startvorgang *m*	starting sequence
Statikzustand *m*	static state
Station, an der das Getriebe am Motor angebracht wird *f*	engine marriage station
Statistikpaket *n*	statistics package
Status Fahrpedal *m*	accelerator status
Staudruckbegrenzer *m*	back pressure limiter
Stauförderband *n*	retarding conveyor
Stauförderkette *f*	retarding conveyor chain
Staupumpe *f*	ram pump
Staurollenförderer *m*	friction roller conveyor
Stauscheibe *f*	air sensor plate
Steckanschluss *m*	port
Stecker, zugehöriger *m*	mating plug
Steckerkörper *m*	plug body

Steckerspiralen *f pl*	connector scrolls
Steckhülse *f*	socket
Steckplatz *m*	slot
Steckscheibe *f*	blind plate
Steckschlüssel *m*	socket
Steckstift *m*	pin
Steckventil *n*	snap-in valve
Steckverbinder *m*	connector
Stegschlaufe *f*	rubber insulator
Stehbolzen *m*	spacer / stay bolt, stud
Steifigkeit für Drehmomentenmessung *f*	rigidity required for torque test
Steigrohr *n*	riser
Stelleingriffe am Motor *m pl*	engine adjustments
Stellglied *n*	actuator
Stellglied mit Schraubspindel und Mutter *n*	ball screw actuator
Stellglieddeckel *m*	actuator cover
Stellmutter *f*	nut adjuster
Stellöse *f*	locating eye
Stellung, unbetätigte *f*	released position
Stellungsausgleich *m*	alignment / position compensation
Stellungsausgleich sichern *m*	lock out alignment compensation
Steuerbefehl *m*	command, instruction
Steuerblock *m*	control body
Steuereinheit *f*	control unit
Steuereinheit, zentrale *f*	central processing unit (CPU)
Steuereinheiten *f pl*	controls
Steuerfunktion *f*	control / monitoring function
Steuergehäuse *n*	control body, timing cover / housing
Steuergerät, elektronisches *n*	electronic control unit (ECU)
Steuergerät, integriertes *n*	integrated control unit (ICU)
Steuerhebel *(Kupplung) m*	clutch operating lever
Steuerhebel *m*	control shaft
Steuerkette *f*	timing chain
Steuerkolben *m*	actuating piston
Steuerleitung *f*	control line
Steuermodul *n*	control module
steuern	command, control
Steuerparameter *m*	regulation parameter
Steuerrelais *n*	control relay
Steuerriemenabdeckung *f*	timing belt cover
Steuerschlitz *m*	fuel metering port
Steuersignal *n*	command / control / instruction signal
Steuerspannung *f*	control voltage
Steuerstange *f*	control rod
Steuersystem fährt etwas an *n*	control system indexes sth. for sth.
Steuerung *f*	control / monitoring (system)
Steuerung der Abgasrückführung *f*	exhaust gas recirculation control

Steuerung der Kaltleerlauffrühverstellung *f*	solenoid control of advance override
Steuerung der Startmehrmenge durch Rampen *f*	excess fuel delivery control by ramps
Steuerung der Startmehrmenge durch Schlitze *f*	excess fuel delivery control by slots
Steuerung der Vorglühanzeige *f*	pre-heater indicator light control
Steuerung des Ansaugluftdrucks *f*	inlet air pressure monitoring
Steuerung des Öffnens / Schließens eines Ventils *f*	valve open / close command
Steuerung im offenen Regelkreis *f*	open-loop control
Steuerung SV-Ventil *f*	advance solenoid valve control
Steuerung, speicherprogrammierbare (SPS) *f*	programmable logic(al) control / controller (PLC)
Steuerung, unterlagerte *f*	subordinate control system
Steuerungsaufbau *m*	controls architecture
Steuerungskonzept *n*	controls architecture
Steuerungssoftware *f*	control software
Steuerungstechnik *f*	control system
Steuerventil *n*	control valve
Stichmaßanpassung *f*	gauge adjustment
Stickstoffoxid (N_2O) *n*	nitrous oxide (NOx)
Stift *m*	dowel
Stiftschraube *f*	peg screw
Stillstandszeit *f*	downtime
Stirndeckel *m*	front / timing cover
Stirnfläche des Filterkopfes *f*	face seal
Stirnfläche einer Düse *f*	nozzle end-face
Stirnflansch *m*	headstock
Stirnseite *f*	end face
stirnseitig	on the face
stirnseitig ausgerichtet	to the front
Stockpunkt *m*	cloudpoint
Stopp-Start-Zyklen, mehrere ~ durchführen *m pl*	go through several stop-start-cycles
stoppen, schnell, effektiv und kontrolliert	stop quickly, smoothly and under control
Störkonturen *f pl*	profile
Störung *f*	anomaly, defect
Störung, kritische *f*	important defect
Störung, ursprüngliche *f*	original fault
Störungsdauer eines Fehlers *f*	fault presence time
Störungsmeldung *f*	error message, operator's trouble report
Stößel *(eines Ventils) m*	plunger
Stößel, mechanischer *m*	mechanical tappet
Stößelstange *f*	push rod
stoßen an	abut to
Stoßspannung *f*	surge, surging voltage
Strategie, in der DCU hinterlegte *f*	strategy recorded on the DCU

Streckenabfrage *(Transportsystem) f*	long signal actuator
Streckenführung *(Transportsystem) f*	segment
Streckenschalter *(Transportsystem) m*	track switch
Streifenetikettleser *m*	bar code reader
Streubreite von Kurven *f*	signature spread
Streuung *f*	leakage, scattering
Stroboskoplampe *f*	timing light
Strom, pulsbreitenmodulierter *m*	PWM current
Strom-Vakuum-Wandler *m*	current-vacuum transducer (CVT)
Stromhalterelais *n*	power supply relay
Stromkreis *m*	electrical circuit
Stromlaufplan *m*	schematic circuit diagram
Strömungswächter *m*	flow indicator / monitoring device
Stromversorgung *f*	charging circuit, electrical power source
Stromversorgung zuschalten *f*	turn on the power supply
Stufenförderer *m*	step feeder
Stufenhülse *f*	sleeve
Stützkonsole *f*	support bracket
Stützplatte *f*	backing plate
Stützring *m*	retainer
Stützrohr *n*	support tube
Stützschlitten *(am Motor) m*	stabilization slide, stabilizers
Stützwinkel *m*	support bracket
SV-Stellglied *n*	advance solenoid actuator
SV-Ventilansteuerung *f*	advance solenoid valve control
SV-Verschlussschraube *f*	advance plug screw
SV-Verstellkolben *m*	advance piston
symmetrisch angeordnet	symmetrically positioned
Synchronisation Motor-Pumpe *f*	engine-to-pump synchronisation
Synchronisierungsvorgang *m*	synchromesh action
System in einem Zustand verriegeln *n*	latch a system in a state
System, entwickelt auf der Basis eines herkömmlichen ~s *n*	system is a derivative of a conventional system
System, schlüsselfertiges *n*	turnkey system
Systembetrieb erheblich beeinträchtigen *m*	have a serious effect on the operation of the system
Systembetrieb, einen möglichst zuverlässigen ~ erlauben *m*	permit the system to continue to operate as effective as possible
Systemdruck *m*	pressure in the circuit
Systemerweiterung *f*	system upgrade
Systemfehler beheben *m*	compensate for system faults
Systemparameter, allgemeiner *m*	general system parameter
Systemstabilität *f*	stability of a system
Systemsteuerung *f*	system control
Systemüberwachung *f*	system monitoring
Systemvariable anzeigen *f pl*	display system variables

T

Tachoantriebsrad *n*	speedo gear
Taktbalken *m*	walking beam
takten mit vorgegebener Geschwindigkeit *f*	pace at a specific rate
Taktfrequenz *f*	clock frequency
Taktscheibe *f*	index plate
Taktzeit *f*	(track) cycle time
Tandemlagerbuchse *f*	pivot shaft bush
Tankausgleichsbehälter *m*	tank header reservoir
Tankboden *m*	tank bottom
Tankdeckel *m*	filler cap
Tankentlüftung *f*	tank vent
Tankimplosion *f*	tank implosion
Tankisolierung *f*	tank lagging
Tankniveau *n*	fuel level in the tank, tank level
Tassenstößel *m*	(bucket) tappet
Tastatur *f*	keyboard
Tastenfeld *n*	keyboard
Taumelschlag *(Bremsscheibe) m*	run-out
Tauschmotor *m*	exchange / overhauled / rework engine
technischer Standard für Entwicklung und Fertigung *m*	technical design and manufacturing standard
Teil, hin- und hergehendes *n*	reciprocating part
Teile, für den Montageprozess zu lagernde *n pl*	in-process inventory
Teile, handelsübliche *n pl*	popular parts
Teile, zusätzliche *n pl*	extra equipment
Teilkreisdurchmesser *m*	pitch diameter
Teillast *f*	light / partial load, part throttle
Teillastprüfung *f*	light-load test
Teilscheibe *f*	index plate
Teilung *(beim Takten) f*	pitch
Teleskop-Lenksäule *f*	telescope column
Tellerfederscheibe *f*	belleville washer
Tellerventil *n*	poppet valve
Temperaturmessung *f*	temperature measurement
Temperaturregelung, Temperierung *f*	temperature control
Tempomat, Tempo-Pilot *m*	cruise control unit
Tempomat-Eingang *m*	cruise input
Temporegelung, adaptive *f*	adaptive cruise control (ACC)
Test zur Ermittlung zeitweiliger Kabelstörungen *m*	wiggle test
Textdatei *f*	text file
Thermoelement mit negativem Temperaturkoeffizienten *n*	negative temperature coefficient (NTC) thermistor

thixotrop *(Eigenschaft einiger Gele, beim Rühren flüssig zu werden)*	thixotropic *(the property of various gels of* becoming fluid when disturbed by shaking)
Tiefe der Kupplungsaufnahme *f*	pot depth of flywheel
Tiefglastopf *(Filter) m*	deep glass bowl
tief liegend montiert *(Tank)*	low
Timing(-Verfahren) *n*	timing method
TIP-Start-System *n*	TIP start system
Titelfolge, -kette *f*	title string
Toleranzbereich *m*	tolerance band
Toleranzfeld *(Messwerte) n*	range of tolerance
Toleranzprüfung *f*	marginal check
Totgangfeder *f*	lost motion spring
Totpunkt, oberer (OT) *m*	top dead centre (TDC)
Totpunkt, unterer (UT) *m*	bottom dead centre (BDC)
Traktionskontrolle *f*	traction control (TC)
Transaxle-Prüfstand *m*	transaxle test stand
Transferdruck *m*	transfer pressure
Transferdruckregler *m*	transfer pressure regulator
Transferdruckrücklauf *m*	transfer pressure leakback
Transfersammelleitung *f*	transfer gallery
Transienten, schnelle *m pl*	steep edges / transients
Transistor-Transistor-Logik *(Schaltlogik)* (TTL) *f*	transistor-transistor-logic (TTL)
transistorisiert	transistorized
Transponder *(Übertragungs- / Antwort-system) m*	transponder
Transport vom Band in den Prüfstand *m*	transfer from the conveyor into the test stand
Transportblock *m*	installation trolley
Transportführung des Getriebes *f*	tracking of transmission
Transportsystem, ferngesteuertes (FTS) *n*	driverless vehicle
Transportvorrichtung *f*	handling means
Trapezlenker-Achse *f*	trapezoidal-link axle
Trennvorrichtung *f*	separator kit
Trennwand *f*	bulkhead
Triebwerk-Zahnräder *n pl*	gear train
Trommel des Hydraulikkopfes *f*	hydraulic head barrel
Trübungspunkt *m*	cloudpoint
Trübungspunkt bei Paraffin *m*	waxing point
Turboaufladung *f*	turbocharge
Turbodiesel, direkteinspritzender *m*	turbocharged engine with direct injection
Turboladerverdichter *m*	turbocharger compressor
Turbomotor *m*	turbocharged engine
Turboölrücklauf *m*	turbo-oil return
Turboölzulauf *m*	turbo-oil supply
Typenschild einer Pumpe *n*	pump name plate

U

Überbelastung *f*	overstroking
Überbrückungsventil *n*	short-circuit valve
über der Bodenfläche *f*	clear of floor
Überdruck *m*	excessive pressure
Überdruckventil *n*	(pressure) relief valve
Übereinstimmung von Ventil und Bohrung *f*	valve to bore fit
Übergabeschnittstelle *f*	transfer interface
Übergabezeit *f*	changeover time
Übergang *(Transportsystem) m*	crossing
Übergangsphase *f*	transistory phase
Übergangsphase ohne Last *f*	transistory off-load sequence
übergehen *(eine Funktion)*	overide
überholen	service
übermäßig	excessive
überprüfen auf	check / examine / inspect for
überprüfen auf korrekte Funktion *f*	test for correct function
Überprüfen von Teilen *n*	component inspection
Überprüfen von Teilfunktionen innerhalb der Montagelinie *n*	verification in process (VIP)
überprüfen, die Gültigkeit von Daten *f*	check the validity of data
überprüfen, intern	review internally
überprüfen, Kabel auf Durchgang *n pl*	check the continuity of wires
Überprüfung der Elektrik *f*	electrical test
Überprüfung der Lager *f*	bearing presence test
Überprüfung der Mechanik *f*	mechanical test
Überprüfung der Nockenringstellung *f*	cam position check
Überprüfung der Zylinderbohrungen *f*	bore gauging integration
Überprüfung des Anlassers *f*	starter check
Überprüfung von Düsen *f*	nozzle inspection
Überprüfung vor dem Ausbau *f*	pre-dismantling test
überschreiten	exceed
Übersetzungsverhältnis bei eingekuppeltem Getriebe *n*	transmission ratio engaged
Übersichtsschaltplan *m*	single line diagram
Überspannung *f*	surge
Überspannungsbegrenzung *f*	anti-surge
Überstand *m*	protrusion
übersteuern *(Funktion)*	override
Überströmbohrung *f*	regulator orifice
überströmen	spill
übertragen	assign, transfer
Übertragung gespeicherter Daten *f*	transfer of stored data
Übertragungs- und Antwortsystem *n*	transponder

überwachen	monitor
Überwachung *(Kontrolle)*, visuelle *f*	vision system
Überwachung, geregelte *f*	closed-loop monitoring
Überwachungs- und Steuersystem *n*	monitoring and control system
Überwachungssystem *n*	watchdog
Überwachungsvorrichtung *f*	wastegate
Überwurfmutter *f*	cap / spigot nut
Überwurfschraube *f*	male fitting for pipes
U-förmig verlegtes Rohr *n*	'U' bend
Ultraschall-Einparkhilfe *(Parktronic f / Park-Pilot m) f*	park distance control (PDC)
Ultraschallsensor *m*	ultrasonic sensor
Umbau *m*	rebuild, modification
umbauen auf Fehler *m pl*	rebuild to failures
Umdrehungsgeschwindigkeit *f*	drive speed
Umfang der Abnutzung *m*	amount of wear
umgebogene Lasche *f*	bent over lip
Umgebungsbedingung *f*	ambient condition, operating environment
umgekehrt proportional	inversely proportional
Umkehrentlüftung *f*	reverse bleed
Umkehrspanne *f*	hysteresis
Umlauffehler des Rotorkerns *m*	rotor core concentricity fault
Umlaufposition des Nockenrings *f*	rotary position of the cam ring
Umlaufzeit *f*	track cyle time
Umlenkstation / Umlenkung *(Transport-system) f*	idle unit
Umrechnung, ein-ausgaben-bezogene *f*	physical conversion
Umrechnungstabelle *f*	conversion table
umrüsten	upgrade, reset
Umrüsten auf Wassersensorik *n*	water sensing upgrade
Umrüsten der Pumpenentlüftung *n*	pump venting upgrade
Umrüstsatz *m*	conversion kit
Umrüstzeit *(Maschinen) f*	resetting / setting-up time
Umrüstzeit *(Pneumatik) f*	retooling time
umschaltbar *(Motor)*	reversible
Umschalter *m*	changeover / selector switch
Umschaltknarre *f*	reversible ratchet
Umschaltkontakt *(Rückwärtsgang) m*	reverse switch contact
umsetzen	re-position
umsetzen *(Palettenaufnahmen)*	change
umsteuerbar *(Ventilplatte)*	reversible
unabgeglichen sein	be out of alignment
unabhängig von Losgrößen fertigen *f pl*	manufacture on a random basis
unbelastet	off-load
undicht	leaking
Undichtigkeit *f*	leakage
Unebenheiten des Montagebodens *f pl*	unevenness of the installation floor

unendlich	infinite
Unfall-Datenschreiber (UDS) *m*	accident data recorder (ADR)
ungleichmäßig	erratic
ungleichmäßige Bremskraftverteilung *f*	unbalanced braking
ungleichmäßige Funktionsweise *f*	notchy operation
Universalschraubenmutter *f*	plain nut
unökonomisch	inefficient
unregelmäßig laufen	run erratically
unrunder Leerlauf *m*	poor idle
unter Motorlast *f*	engine is under load
Unterbau *m*	subframe
unterbrechen	disengage
Unterbrecher *(Zündverteiler) m*	distributor points
Unterbrecherplatte *f*	breaker plate
Unterbrechung *(Leitung) f*	open circuit
unterbrochen *(Funktion)*	disengaged
Unterdruckleitung *f*	vacuum line
Unterdruckpumpe *f*	vacuum pump
Unterdruckschalter *m*	ported vacuum switch (PVS)
Unterdrucksystem *n*	vacuum system
Unterfahrhöhe, lichte *f*	head clearance
Untergestell *n*	subframe
Unterlegscheibe, glatte *f*	plain washer
Unterposition in der Arbeitsfolge *f*	sub-operation
unterschreiten *(Wert)*	fall below
unterteilen	break down, classify
unwirksam	inoperative
unzureichend	inadequate
ursprünglich	original

V

Vakuumbremsverstärker *m*	vacuum booster
Vakuummanschette *f*	vacuum seal
Vakuumpumpe *f*	vacuum pump
Vakuumsteuereinheit *f*	EGR solenoid
Vakuumunterstützung *f*	boost
Vakuumwandler *m*	current-to-vacuum transducer (CVT)
Ventil ist geschlossen *n*	valve is in the 'closed' position
Ventil ist offen *n*	valve is in the 'open' position
Ventilblock *m*	valve body
Ventildeckel *m*	valve cover
Ventileinsatz *m*	valve core
Ventileinstellung *f*	valve timing setting
Ventilfeder *f*	compression / conical spring
Ventilfederteller *m*	spring retainer
Ventilfreigängigkeit *f*	valve movement
Ventilführung *f*	valve guide
Ventilgehäuse *n*	valve body
Ventilhalter *m*	retainer poppet
Ventilkeile *m pl*	valve collets / stem locks
Ventilkeilmontage *(Zylinder) f*	collet insertion
Ventilkern *m*	valve core
Ventilkolben *(Getriebe) m pl*	spool assembly
Ventilkopf *m*	valve tip
Ventilkörper *m*	valve body
Ventilmitnehmer *m*	hydraulic valve lifter (HVL)
Ventilplatte *f*	valve plate
Ventilschaft *m*	valve stem
Ventilschaftdichtung *f*	valve stem seal
Ventilsitz *m*	valve seat
Ventilsitzring *m*	valve seating ring / washer
Ventilsitzüberlappung *f*	valve seat lapping
Ventilspiel-Ausgleichselement, hydraulisches (HVA) *n*	hydraulic lash adjuster (HLA)
Ventilsteuerung *f*	valve train
Ventilstößel *m*	valve plunger
Ventilstößel, hydraulischer *m*	hydraulic valve lifter (HVL)
Ventiltasche *f*	valve notch
Ventiltellertiefe *f*	valve head depth
Ventilträger *m*	valve holder
Ver- und Entsorgung *f*	supply and draining systems
veranlassen	initiate
Verbiegung *f*	distortion
Verbindung, serielle *f*	serial interface

Verbindungsbolzen *m*	connection bolt
Verbindungskabel *n*	interconnecting cable
Verbindungsklammern *f pl*	transit staples
Verbindungsträger *m*	connecting bracket
Verbraucher *m*	consumer
Verbrennungsrückstand *m*	combustion residue
Verbrennungswärme *f*	combustion heat
Verbund, im *m*	as subsystem
Verdichtungsdruck *m*	compression (pressure)
Verdichtungskraftstoff *m*	boost fuel
Verdichtungsmesser *m*	compression gauge
Verdichtungsregler *m*	boost control
Verdichtungstakt *m*	compression stroke
Verdrahtung *f*	wiring
Verdrängerpumpe *f*	displacement-type pump
Vereinigung der Automobilingenieure (USA) *f*	Society of Automotive Engineers (SAE)
Vereinzelung *(Rollenbahnsystem) f*	separator
Verengung *(an Rohren) f*	restriction (point)
Verfahren *n*	method, procedure, sequence
Verfahren zur Fehlerbeseitigung *n*	rectification procedure / sequence
verfälschen *(Prüfergebnisse)*	corrupt
Verfügbarkeit *f*	efficiency figure
Verfügbarkeit, abgesicherte *f*	back-stop availability
Verfügbarkeit, technische *f*	uptime guarantee
Verfügungsgrad, innerer *m*	efficiency
verhalten, umgekehrt proportional	be inversely proportional to
Verifizierungstest *m*	confirmation test
Verkabelung *f*	wiring
Verkehrsfunk *m*	traffic message channel (TMC)
Verkettung *f*	conveyor system
verklemmt	jammed
verklemmt sein *(Einspritzventil)*	have become stuck
verklemmt sein in offener / geschlossener Stellung *f*	be stuck open / closed
Verladung vor Ort *f*	on-spot loading
Verlängerung der Lebensdauer *f*	life upgrade
Verlängerungsbolzen *m*	extension bolt / stud
Verlauf von charakteristischen Werten *(Motor)* m	characteristic value curve
Verlust des Motordrehzahlsignals *m*	disappearance / loss of the speed signal
vermeiden, Turbulenzen *f pl*	avoid turbulences
vernarbt	pitted
verplombt	tamperproof
verriegelt *(Fehler)*	latched, locked
Verriegelung *f*	locking device
Verriegelungsstift *m*	locking pin

Verriegelungssystem *n*	latching system
Verriegelungsventil *n*	latch / lock-off valve
Verriegelungszunge *f*	lug
Verrohrung zum Prüfstand *f*	test stand piping
Versatz *m*	offset
verschieben *(Kolben)*	move
verschieben *(Spritzverstellung)*	advance
Verschleiß, übermäßiger *m*	excessive wear
Verschleißbereich, kritischer *m*	critical area for wear
verschleißmindernd	wear compensating
Verschlusskappe *f*	sealing plug
Verschlussschraube, druckseitig angebrachte *f*	pressure end plug
Verschlussstege *m pl*	spirals
Verschlussstopfen *m*	blanking plug
Verschmutzung, ständige *f*	significant dirt ingress
Verschraubung *f*	bolt-type fitting
Verschraubung, fixierte *f*	bolt-up
verschweißt	bonded-on
versehen, etw. mit einer Abflachung *f*	machine a flat onto sth.
versetzen	displace
versetzter Bolzen *m*	offset dowel
versiegelt	sealed
Versorgungskanal *m*	supply passage
Versorgungskreis *m*	supply circuit
Versorgungsleitung *f*	feed / supply line / pipe
Versorgungsmodul *n*	power module
Versorgungsspannung *f*	supply voltage
Versorgungstank *m*	oil tank
Verstärkerblech *n*	plate, support
Verstärkerstufe *f*	amplification stage
verstärkte Antriebswelle *f*	uprated drive shaft
verstärkte Aufhängung *f*	heavy duty suspension
verstärkter Kolbenhub *m*	overstroke
Verstärkung *(eines Wertes) f*	gain
„verstauen und losfahren"	'Stow 'n Go'
Verstellarm *m*	adjusting arm
Verstelldeckel *m*	advance cover
Versteller *m*	advance device, retard unit
Verstellerspindel *f*	adjuster spindle
Verstellhebel *m*	control / throttle lever
Verstellhebelanschlag *m*	setting of stops on the pump
Verstellhebeldämpfer *m*	throttle lever damper
Verstellhebelsensor *m*	throttle position sensor
Verstellhebelsignal-Kopie *f*	throttle lever signal copy
Verstellhebelstellung *f*	throttle lever position
Verstellkolben, drehzahlgesteuerter *m*	speed-controlled advance piston
Verstellmuffe *f*	adjusting sleeve

Verstellöffnung *f*	adjusting hole
Verstellschraube *f*	advance plug / screw
Verstellsteuerdruck *m*	advance control pressure
Verstellstift *m*	timing pin
Verstellung mit blockierter Welle *f*	locked-shaft timing
Verstellung, automatische *f*	auto advance
Verstellung, dynamische *f*	dynamic timing
Verstellwinkelanzeige *f*	advance meter
verstopft *(Filter)*	clogged
verstopft *(Kraftstoffleitung)*	blocked
Verstopfungskennfeld *n*	choking characteristics
Verstrebungen *(am Motorblock) f pl*	webs
vertauscht *(Zündkabel)*	crossed
Verteilerbohrung *f*	fuel delivery port
Verteilerdüse *f*	dispensing nozzle
Verteilereinspritzpumpe *f*	rotary fuel injection pump
Verteilerfehler *m*	distributor faults
Verteilerleitung *f*	dispensing hose
Verteilerpumpe, numerisch gesteuerte *f*	distributor pump (compact) numeric (DPCN)
Verteilerrohr *n*	nozzle header
Vertiefung *(einer Platte) f*	indentation
vertikal ausrichten	position with so.'s axis vertical
Vertikalbeschleunigung *f*	vertical acceleration
Verträglichkeit, elektromagnetische (EMV) *f*	electromagnetic compatibility (EMC)
Vertragsleistung *f*	contractual obligation
Verunreinigung *f*	contamination
Verwerfung einer Bremsscheibe *f*	disc distortion
verworfen *(Zylinder)*	distorted
Verzeichnung *(eines Spritzstrahls) f*	distortion
V-förmiges Filterelement *n*	V-form coil construction filter element
Vibrieren des Motors *n*	engine 'judder'
Videomessung *f*	advanced video metering (AVM)
Vielkeilverzahnung *f*	splines
Vier-Takt-Motor *m*	four-stroke engine
viskos	viscous
Visualisierung *f*	visualization
Volllast, bei *f*	at full throttle
Vollast-Fahrpedalsensor *m*	high pedal demand switch (HPDS)
Vollbrückenschaltung *f*	full bridge circuit
Vollgas *n*	full throttle
Vollgas, bei *n*	at full throttle, pedal fully depressed
Vollgasbetrieb *m*	full-throttle operation
vom Endwert (v. E.) *m*	of full scale value
von der Oberkante Fußpedal auf Innenverkleidung *f*	from centre of the pedal to the carpet
vor OT	before top dead centre (BTDC)
Vor(ab)prüfung *f*	preliminary check / diagnosis / test

Vorabnahme *f*	despatch / dispatch acceptance / inspection / test, pre-delivery inspection, pre-acceptance test
Voranschlag *(Hakenanschlag) m*	trigger stop
Voranschlag *m*	pre-stop
vorausschauende Sicherheitssysteme *n pl*	predictive safety
vorbeugend	preventive
Vorbrennkammer *f*	pre-combustion chamber
Vorderradbremsscheibe *f*	front brake disc
Vorderradlenkung *f*	front steering
Vorderseite *f*	front
Vordrehstation *f*	pre-test rotary / run-in station
voreingestellt	previously set
Vorfilter *m*	pre-filter
Vorgabe *f*	demand, requested condition, requirement, specification,
Vorgabe für den Verstellhebel *f*	throttle demand
vorgeben	pre-determine, pre-set, program, specifiy
vorgeben, einen Standard- / Prüfwert *m*	use a default reading
vorgefertigt *(Teile)*	prefabricated, ready-to-fit
vorgegeben durch den Fahrer *m*	as requested by the driver
vorgegebener Wert *m*	previously set limit
Vorgehensweise *f*	case, procedure
Vorgelege, Anlasser mit *n*	gear reduced starter motor
Vorgelegewelle *f*	countershaft, motion shaft
vorgeschaltet	upstream
vorgeschalteter Vorwärmer *m*	inline heater
vorgeschrieben	prescribed
vorgespannt *(Feder)*	pre-load
Vorglühanzeige *f*	pre-heater indicator / warning light
Vorglühen *n*	pre-heating (system)
Vorglühsteuerung *f*	pre-heater control
Vorglühstift *m*	pre-heater glow plug
Vorhalt *m*	allowance, clearance, reserve, tolerance
Vorhubstellung *f*	pre-lift position
Vorkammereinspritzpumpe *f*	indirect injection (IDI) pump
vorläufig	prelim(inary)
Vorliegen eines Kurzschlusses *n*	detect a short-circuit
Vormontageband *n*	subassembly line
vormontiert *(Sätze)*	ready-to-fit
vorölen	prime
vorprogrammiert	pre-programmed
Vorratstank *m*	storage tank
Vorschaltwiderstand *m*	ballast resistor
Vorschubeinrichtung, schaufelförmige *f*	blade-type feeder
Vorschubspeicher *m*	forward accumulator
Vorschubtisch *m*	feed table

Vorspannkappe *f*	pre-load cap
Vorstart *m*	pre-cranking
Vorverstärker *m*	pre-amplifier
vorverstellen	advance
Vorverstellung in Kurbelwellengrad *f*	advance in crankshaft degrees
Vorwärmer *m*	(fuel) heater
vorzeitiger Verschleiß *m*	premature wear
Vorzündung, dynamische *f*	dynamic advance
Vorzündung, statische *f*	static advance

W

Wachsmotor *m*	wax motor
Wackeln am Kabelbaum *n*	agitate / shake the electrical harness
Wählhebel *m*	(gear) selector (lever), transmission shift selector
Wählhebelgestänge *n*	shift linkage
Wählhebelsperre *f*	selector (lever) lock
Wählhebel-Stellungsanzeiger *m*	selector-lever position indicator
Wahlschalter *m*	selector switch
während der Garantie reklamieren *f*	claim / return under warranty, submit a warranty claim
während des Motorlaufs *m*	with the engine running
während die Kupplung im Eingriff ist *f*	notchy operation
während eines Systembetriebs *m*	when a system is running
Wandler *(Analog-Digital Umsetzer) m*	converter
Wandler *(Messumformer, Signalumwandler) m*	transducer
Wandler *(Trafo) m*	transformer
Wandlerschaltkupplung *f*	converter clutch
Wankausgleich *m*	active body control (ABC)
Wärmeabführung *f*	heat dissipation
wärmeeffizient	thermally efficient
Wärmeregulierung *f*	thermal management
Wärmeschutzscheibe *f*	heat-shield washer
Wärmespannung *f*	thermal stress
Wärmetauscher *m*	heat exchanger
Wärmeübertragung *f*	heat transfer
Wärmewirkung *f*	heating effect
Wärmezufuhr, gleichmäßige *f*	even heat input
Warmfahren *n*	run-in
Warmleerlauf, instabiler *m*	unstable hot idle
Warnanlage *f*	forewarn product
Warnanzeige *f*	warning display
Warnblinkanlage *f*	hazard flasher
Warnleuchte *f*	warning light
Warnschaltkreis *m*	warning circuit
warten	maintain, service
Warteschleife *f*	pre-stop / wait loop / station
Wartung & Instandhaltung *(Abt.) f*	maintenance department
Wartung *f*	maintenance, service, servicing
Wartung, regelmäßige *f*	routine service
Wartungsarbeiten, vorbeugende *f pl*	preventive maintenance
Wartungseinheit *f*	filter-regulator-lubricator (FRL)
wartungsfähig	repairable, serviceable

wartungsfrei	maintenance free
Wartungsfreundlichkeit *f*	maintainability
Wartungsintervall *n*	service / servicing period / interval
Wartungskosten *pl*	cost of service
Wartungsmaßnahme *f*	maintenance operation
Wartungspersonal *n*	maintenance staff
Wartungszweck *m*	servicing purpose
Wasserabscheider *m*	sedimenter, water trap
Wasserabscheider mit elektrischer Anzeige *m*	waterscan
Wasserabscheider mit Kraftstoffunterbrechung *m*	waterstop
Wasserabscheidung *f*	water separation
Wasserhaushaltsgesetz *n*	water resources act
Wasserkammer *f*	water cavity / chamber
Wasserkreislauf *m*	water circuit
Wasserpumpenflansch *m*	water pump flange
Wasserpumpenrotor *m*	impeller
Wasserraum *m*	water cavity / chamber
Wasserrückhaltung *f*	water retention
Wasserrücklauf *m*	water return
Wechsellastprogramm *n*	alternative load program
Wechselstromantrieb *m*	AC motor drive
Wechselstromgenerator *m*	alternator
Wechselwirkung *f*	interaction
Weg *m*	travel, stroke
Wegaufnehmer *m*	position sensor
Wegbegrenzer *m*	Ty-rap
wegdrücken	prise away
Wegesensor *m*	travel sensor
Wegfahrsperre, kodierte *f*	coded anti-start system (CAS)
Wegfahrsperre, passive *f*	passive anti-theft system (PATS)
Wegmessung *f*	stroke metering
weiterhin anliegen *(Fehler)*	persist
weiterleiten	pass to
Welle *f*	shaft, spindle
Welle, kardanisch gelagerte, Kardanwelle *f*	cardan shaft
Wellendichtring *m*	shaft (sealing) ring
Wellenförmigkeit *f*	ripples
Wellenscheibe *f*	wave washer
Wellenschraube *f*	shaft-locking screw
Wendestation *f*	roll-over station
wenn nicht anderweitig festgelegt	unless specified otherwise
Werkbank *f*	workbench
werkseitig montiertes Teil *n*	factory assembly
werkseitig verplompt	factory-sealed
Werkstattbedingungen *f pl*	workshop practice
Werkstatthandbuch *n*	workshop manual

Werkstückträger *(Palette) m*	pallet, platen
Werkstückzeichnung *f*	component drawing
Werkszeichnung *f*	manufacturer's drawing
Werkzeug, spitzes *n*	pointed tool
Werkzeuge *n pl*	tooling
Werkzeugspeicher auf einer Palette *m*	palletized tool store
Werkzeugwagen *m*	assembly trolley
Wert *m*	reading, value
Wert außerhalb der Grenzen *m*	out-of-limit value
Wert, tatsächlich gemessener *m*	reading actually measured
Werte, vorprogrammierte *m pl*	pre-set program
Widerstand, unendlicher *m*	infinite resistance
widerstandsfrei	non-resistive
wieder anbringen	refit, replace
wieder anklemmen	reconnect
wieder aufnehmen	retrieve, resume
Wiederbefüllung *f*	refill
Wiedereinbau *m*	reassembly, refitment procedure
wiederholbar	repeatable
Wiederholbarkeit *f*	repeatability
wiederholt prüfen	carry out tests again, retest
Wiederverwendung *f*	refitment, reuse
Windkanal *m*	wind tunnel
winkelig ausgelegt	be angled
Winkelmessgerät *n*	protractor
Winkelorientierung *f*	angular orientation
Winkelposition *f*	angular position
Winkel-Schnellverschraubung *f*	elbow connector
Winterkraftstoff *m*	winter fuel
Wirbelkammer *f*	turbulence / swirl chamber
Wirbelventil *n*	swirl valve
Wirksamkeit von Kraftstofffiltern *f*	effectiveness of fuel filters
Witterungsverhältnisse *n pl*	atmospheric / climatic conditions
Wulst, breiter *(eines Dichtmittels) m*	wide bead

Z

Zacken *f pl*	prongs
zählen, aufwärts	count up
zählen, rückwärts	count down
Zählerstand *m*	count
Zahnkranz des Schwungrades *m*	flywheel ring gear
Zahnrad, falsches *n*	improper gear
Zahnriemenantrieb *m*	toothed-belt-type drive
Zahnstange *(Lenkung) f*	(steering) rack
Zahnstangenlenkung *f*	rack-and-pinion steering
Zange, spitze *f*	thin-nosed pliers
Zapfen *m*	pin, tang
Zapfen, runder *(am Ausrückhebel) m*	round trunnion
Zapfenantrieb *m*	tang drive
Zapfendüse *f*	pintle-type nozzle
Zapfenführung *f*	pin slider arrangement
Zapfenkragen *m*	pivot collar
Zapfhahn *m*	dispensing nozzle
Zeichnung als Grundlage für ein Angebot *f*	drawing so. quoted to
zeigen, in die korrekte Richtung *f*	face in the correct direction
zeigen, nach oben	face upwards
zeigen, nach unten	face downwards
zeitauflösende Messung *f*	time-based measurement
Zeitfolge des Auftretens von Fehlern *f*	record of when faults occur
zeitkritisch	time-critical, time-dependent
Zeitplan *m*	schedule
Zeitpunkt, optimaler *m*	optimum moment
Zeitpunkt, vorgeschriebener *m*	prescribed time
Zeitpunkt, zum richtigen *m*	at the correct point of time
zeitweise	intermittent
zeitweise geringe Leistung *f*	intermittent low power
zeitweise „hängenbleiben" *(Ventil)*	be sticking intermittently
Zentralschraube *f*	centring bolt
Zentral-Synchron-Getriebe (ZSG) *n*	central / centring synchromesh gear / transmission
Zentralverriegelung *f*	central-locking system
Zentrierbolzen *m*	locating stud
Zentrierbüchse *f*	centring bush
Zentrierfähigkeit *f*	centre durability
Zentrierflansch *m*	centring flange
Zentrieröse *f*	locating eye
Zentrierring *m*	locating ring
Zentrierstift *m*	dowel pin
Zentrierung *f*	locating lip

Zentrierzunge *f*	centring lug
zerfressen	pitted
zerkratzt	scored
zerlegen	dismantle
Zerlegung, komplette *f*	full / total dismantling
Zerlegung, teilweise *f*	partial dismantling
Zerstäubung *f*	atomization
Ziehstrumpf *(Kabel) m*	pulling wire, cable grip
Zinken *m pl*	prongs
zu schaffen machen an Motorteilen *n pl*	tamper with engine components
Zuführung *(Bauteil) f*	feeding
Zuführung *(Energie, Medien) f*	supply
Zuführung, intervallartige *f*	intermittent supply
zugänglich	accessible
Zugänglichkeit *f*	accessibility
Zugangstür *f*	access door
Zugbolzen *m*	bar tie
zugehörig	matching, mating, respective
zugeordnet	associated with
zugeschaltet	connected
Zugleine *f*	pull cord
Zugriff, sequentieller *m*	sequential access
Zugriff, wahlfreier *m*	random access
zulässig	allowable, permissible
Zulauf- und Rücklaufleitung *f*	inlet and outlet pipe
Zulaufbohrung *f*	charging port
Zulaufdruck *m*	feed pressure
Zulaufrohr *n*	feed pipe
Zulaufvorgang *m*	charging cycle
Zuleitung *f*	remote pipe
zuletzt bestätigt *(Daten)*	latest *(data)* validated
Zunahme *(eines Wertes) f*	gain
Zünd(system)test *m*	ignition test
Zündanlage *f*	ignition system
Zündanlage, kontaktlose *f*	breakerless ignition system
Zünddauer *f*	ignition duration
zünden	ignite
zünden, zum richtigen Zeitpunkt *m*	spark at the correct point in time
Zündfolge *f*	firing order / sequence
Zündfolge, falsche *f*	faulty firing sequence
Zündfolge, genaue *f*	correct firing sequence
Zündfunken auslösen *m*	release a spark
Zündfunken *m*	spark
Zündimpuls *m*	ignition pulse
Zündkabel *n*	spark plug cable
Zündkabel, loses *n*	loose spark plug cable
Zündkabel, vertauschte *n pl*	crossed spark plug cables

Zündkerze, fehlerhafte *f*	faulty spark plug
Zündkerzenisolator *m*	spark plug insulator
Zündkerzenstecker *m*	spark plug boot
Zündmodul *n*	ignition coil pack
Zündmodul, elektronisches *n*	electronic spark control module (ESC)
Zündschlüssel *m*	ignition key
Zündschlüssel EIN, mit *m*	with the keyswitch in the 'on' position
Zündschlüssel freigeben *m*	release the ignition key
zündschlüsselgesteuert	ignition keyswitch-controlled
Zündschlüsselschalter *m*	ignition keyswitch
Zündseite *f*	combustion face *(AE),* fire face
Zündspannung *f*	ignition (switch) voltage
Zündspätverstellung *f*	ignition retard
Zündspule, fehlerhafte *f*	faulty ignition coil
Zündspulendom *m*	coil tower
Zündsteuergerät *n*	ignition module
Zündsystem, verteilerloses *n*	distributorless ignition system (DIS)
Zündvorverstellung *f*	ignition advance
Zündwinkel *(Motor) m*	advance angle
Zündzeitpunkt *m*	ignition timing
zunehmend	increasingly
zuordnen	allocate, assign, classify
Zuordnung *f*	allocation, assignment, classification
Zuordnung von Dateien *f*	allocation of files
Zuordnungsdaten *pl*	classification data
Zuordnungsprogramm *n*	allocation program
Zuordnungstabelle *f*	cross reference list
Zuordnungsteil *n*	assignment component
zurücknehmen *(eine Betriebsart)*	reset
zurückrechnen	recalculate
zurückschnippen *(Düsennadel)*	flick back
zurücksetzen *(eines Signals)*	reset
zurückströmen	spillback
Zusammenbau Bremskraftverstärker *m*	assy servo girvac
Zusammenbau *m*	reassembly
zusammengehörig *(Bauteile)*	mated
Zusatzausrüstung *f*	optional equipment
Zusatzsteuerung *f*	additional control
zuschalten	engage, trip out
Zuschalten des Klimakompressors *n*	compressor cutting-in
zuschalten, eine Betriebsart *f*	engage a mode
zuschalten, eine Pumpe *f*	connect in a pump
Zuschaltventil *n*	enable valve
Zustand der Bremsen *m*	condition of brakes
Zustandsgröße *f*	process variable
zustellen	advance
zuverlässig	effective, reliable

zuweisbar *(Fehlerursachen)*	assignable
zwangsgeschlossen	forced closed
Zweigangregler *m*	mini-maxi / two-speed governor
Zweilamellenstecker *m*	two-bladed plug
Zweimassenschwungrad (ZMS) *n*	dual-mass flywheel
Zweipunktregler *m*	on-off controller
Zweispurpotentiometer *n*	two-track potentiometer
Zweistoff-Wischblatt *n*	aerotwin
Zweistufenventil *n*	two-stage injector
zweistufig	two-stage
Zweitakt-Schmieröl *n*	two-stroke lubricant
zweiteilige Druckplatteneinheit *f*	split torque cover assembly
Zwischenablage *f*	tray
Zwischendruckplatte *f*	intermediate pressure plate
Zwischenhebel *m*	arm
Zwischenplatte *f*	adapter plate
Zwischenplättchen *n*	twin mass spacer
Zwischenring *m*	spacing collar
Zwischenscheibe *f*	shim, twin mass spacer
Zwischenstück *n*	link
Zwischenstufe *(Druck) f*	intermediate level
Zwischenwelle *f*	intermediate shaft
Zyklen durchlaufen *m pl*	go through cycles
Zyklenlebensdauer *(Batterie) f*	cycle life
Zyklus, einem ~ unterziehen *m*	cycle
Zylinder auf OT *m*	cylinder to TDC
Zylinder, mehrere *m pl*	multiple cylinders
Zylinder, verworfener *m*	distorted cylinder
Zylinderabschaltung (ZAS) *f*	cylinder cut-off / shut-off
Zylinderbohrung *f*	cylinder bore
Zylinderdruck *m*	cylinder pressure
Zylinderdruckfeder *f*	compression spring
Zylinderdruckspitze *f*	peak cylinder pressures
Zylinderdurchmesser *m*	cylinder bore diameter
Zylinderfüllung *f*	cylinder charge
Zylindergehäuse *n*	cylinder body
Zylinderkopf *m*	cylinder head
Zylinderkopfdichtung *f*	cylinder head gasket
Zylinderkopffläche *f*	cylinder head face, flame face
Zylinderkopfguss *m*	cylinder head casting
Zylinderkopfhaube *f*	cylinder head cover
Zylinderkopfmontage *f*	cylinder head assembly
Zylinderkopfverformung, maximal zulässige *f*	maximum permissible cylinder head distortion
Zylinderkurve *f*	cylinder waveform
Zylinderlaufbuchse *f*	cylinder liner
Zylinderschraube *f*	socket-headed screw

Zylindersenkung *f*	counterbore
Zylinderstift *m*	retaining pin
Zylinderwandung *f*	cylinder wall

Teil II: Englisch – Deutsch

A

a fault is present	auftretender Fehler *m*
a real lemon	Montagsauto *(coll.) n*
abort a test cycle	Prüfzyklus abbrechen *m*
abrasive material / particle	Schleifpartikel *pl*, Schleifstoff *m*
ABS control module	ABS-Steuergerät *n*
ABS pressure pump	ABS-Pumpe *f*
ABS sensor	ABS-Sensor *m*
absolute value encoder	Absolutwertgeber *m*
abut to	stoßen an
AC motor drive	Wechselstromantrieb *m*
ACC radar sensor	ACC Radarsensor *m*
accelerator pedal	Fahr- / Gaspedal *n*
accelerator pedal fully depressed	Gaspedal vollständig gedrückt *n*
accelerator pedal fully raised	Gaspedal vollständig freigegeben *n*
accelerator position	Fahrpedalstellung *f*
accelerator pump	Beschleunigerpumpe *f*
accelerator status	Status Fahrpedal *m*
accelerometer pilot control	Autopilotsteuerung *f*
accept *(engine status after having passed a test)*	IO-Status *m*
acceptable spray pattern	gutes Spritzbild *n*
acceptance drawing	Abnahmezeichnung *f*
acceptance test procedure (ATP)	Abnahmeverfahren *n*
accepted engines	IO-Motoren *m pl*
access door	Zugangstür *f*
accessibility	Zugänglichkeit *f*
accessible	zugänglich
accessory connected	angeschlossenes Bauteil *n*
accessory kit for mounting sth.	Aufspannbock *m*
accident data recorder (ADR)	Unfall-Datenschreiber (UDS) *m*
accumulating area *(components)*	Speicherbereich *m*, Speicherzone *f*
accumulating chain conveyor	Sammelkettenförderer *m*
accumulation of air	Luftansammlung *f*
accumulator valve	Speicherventil *n*
accuracy of measurements	Genauigkeit von Messungen *f*
accurate chamfer	genaue Fase *f*
accurate gauge reading	genaue Messanzeige *f*
accurately metered	genau dosiert
achieve a test result	Messergebnis erzielen *n*
activation	Betätigung *f*
active body + traction control (ABC + T)	automatische Stabilitäts- und Traktionskontrolle (ASC+T) *f*
adjuster plug	Einstellschraube *f*

active body control (ABC)	aktives Federungs- und Dämpfungssystem *(vom Computer gesteuert) n*, Wankausgleich *m*
active sensor bearing (ASB)	Radlager *n*
actual date	Istdatum *n*
actual time	Istzeit *f*
actual value	Istwert *m*
actually measured flow	Istwert des Durchflusses *m*
actuate *(mechanical)*	betätigen
actuated by adherence	kraftschlüssig durch Reibung *f*
actuated by gravity	kraftschlüssig durch Gewicht *n*
actuated by spring	kraftschlüssig durch Feder *f*
actuating arm	Antriebshebel *m*
actuating force	Betätigungskraft *f*
actuating fork	Einrückgabel *f*
actuating lever	Betätigungshebel *m*
actuating linkage	Betätigungsgestänge *n*
actuating piston	Steuerkolben *m*
actuation *(mechanical)*	Betätigung *f*
actuation device	Betätigungseinrichtung *f*
actuator	Regeleinheit *f*, Stellglied *n*
actuator cover	Stellglieddeckel *m*
adapt an engine to the test stand	Motor am Prüfstand anschließen *m*
adapt manually	manuell anschließen
adapt to	anpassen an
adaptation	Adaptierung *f*
adaptation hose	Anschlussschlauch *m*
adapter	Adapter, Aufsatz *m*
adapter plate	Adapter- / Zwischenplatte *f*
adapter recirculation	Rückführung von Adaptern *f*
adaption boring	Aufnahmebohrung *f*
adaption face	Aufnahmefläche *f*
adaptive cruise control (ACC)	Abstandsregelautomat (ART) *m*, adaptive Geschwindigkeits- / Temporegelung *(Tempomat) f*, (Fahr-)Assistenzsystem (*zur Regelung des Abstands und der Relativgeschwindigkeit zwischen zwei hintereinander fahrenden Fahrzeugen) n*, Distronic *(Abstandsregelautomat Mercedes) f*
adaptive damping system (ADS)	selektives Dämpfungssystem *n*
adaptive forward lighting (AFL)	dynamisches Fahrlicht / Kurvenlicht *n*
add-on	abnehmbar
additional control	Zusatzsteuerung *f*
adjacent	benachbart
adjust a pressure regulator	Druckregler einstellen *m*
adjust the point of injection	Einspritzzeitpunkt festlegen *m*
adjust to	anpassen an

adjuster spindle	Verstellerspindel *f*
adjusting arm	Verstellarm *m*
adjusting hole	Verstellöffnung *f*
adjusting mandrel	Einstelldorn *m*
adjusting ring	Einstellring *m*
adjusting screw	Einstellschraube *f*
adjusting sleeve	Verstellmuffe *f*
adjusting spindle	Einstellspindel *f*
adjusting strap	Spannbügel *m*
adjustment	Einstellung *f*
adjustment board	Einstellkarte *f*
adjustment mechanism	Einstellmechanismus *m*
adjustment of commencement of injection	Einstellung des Spritzzeitpunkts *f*
advance	verschieben, vorverstellen, zustellen
advance a probe / sensor	Messfühler anschließen *m*
advance angle *(of an engine)*	Zündwinkel *m*
advance control pressure	Verstellsteuerdruck *m*
advance cover	Verstelldeckel *m*
advance device / gauge	Spritzversteller, Versteller *m*
advance in crankshaft degrees	Vorverstellung in Kurbelwellengrad *f*
advance meter	Verstellwinkelanzeige *f*
advance override system	Kaltleerlauffrühverstellung *f*
advance piston	Spritzverstellkolben, (SV-)Verstellkolben *m*
advance plug / screw	Verstellschraube, (SV-)Verschlussschraube *f*
advance sensor	Spritzverstellsensor *m*
advance solenoid actuator	SV-Stellglied *n*
advance solenoid valve	elektromagnetisches Spritzverstellerventil *n*
advance solenoid valve control	Steuerung SV-Ventil, SV-Ventilansteuerung *f*
advance the bulkhead sensors	Anschlussträger Öl und Elektrik ankuppeln *m pl*
advance the engine stabilizers	Stützschlitten des Motors ausfahren *m*
advance the exhaust probes	Annäherung der Auslassdruckfühler *f*
advance the tester to step 2	Prüfgerät umschalten auf Stufe 2 *n*
advance the timing of ignition	Frühzündung einstellen *f*
advanced cold test (ACT)	Kaltprüfung *f*
advanced cold test (ACT) system	Kaltprüfeinrichtung *f*
advanced video metering (AVM)	Videomessung *f*
aerotwin	Zweistoff-Wischblatt *n*
agglomerator	Filterkombination *f*, kombinierter Filter-Wasserabscheider *m*
agitate the electrical harness	Wackeln am Kabelbaum *n*
air cleaner box	Luftfiltergehäuse *n*
air conditioning (A / C)	Klimaanlage *f*
air filter	Luftfilter *m*
air gun	Luftdruck-Spritzpistole *f*
air inlet manifold	Ansaug- / Lufteinlasskrümmer *m*
air intake ducting	Luftansaugleitung *f*

air intake system	Luftansaugsystem *n*
air intake temperature	Ansauglufttemperatur *f*
air manifold	Luftverteilerrohr *n*
air mass meter	Luftmassenmesser *m*
air sensor plate	Stauscheibe *f*
air supply	Luftversorgung *f*
air test (process)	Prüfen mit Luft *n*
air-conditioning clutch	Klimaanlagenkupplung *f*
air-conditioning compressors cuts out correctly	Klimakompressor schaltet korrekt aus *m*
air-conditioning fan	Kühlgebläse *n*
air-conditioning pressure switch	Druckschalter der Klimaanlage *m*
air-conditioning shut-off control	Abschaltsteuerung der Klimaanlage *f*
air-conditioning unit	Luftaufbereitung *f*
air-to-air intercooler	Ladeluftkühler *m*
air / fuel system	Luft- / Kraftstoffsystem *n*
airscarf	Gebläse *(Luftschal) n*
airtight seal	luftdichte Abdichtung *f*
air-water heat exchanger	Luft-Wasser-Wärmetauscher *m*
airway	Luftleitung *f*
alarm system to shut off the current	Alarmsystem für die Stromabschaltung *n*
align	abgleichen, ausrichten
align to the horizontal / vertical axis	horizontal / vertikal ausrichten
alignment compensation	Stellungsausgleich *m*
alignment element	Ausrichtelement *n*
alignment screw	Einstell- / Richtschraube *f*
alleged fault	angenommener Fehler *m*
Allen key	Inbus- / Innensechskantschlüssel *m*
Allen screw	Innensechskantschraube *f*
allocation of files	Zuordnung von Dateien *f*
allocation program	Zuordnungsprogramm *n*
allowable leak rate	zulässige Leckrate *f*
allowance	Vorhalt *m*
all-speed governing	Allgangregelung *f*
all-speed governor	Allgangregler *m*
alternative load program	Wechsellastprogramm *n*
alternator	Wechselstromgenerator *m*
alternator regulator	Drehstromregler *m*
altitude compensation solenoid	Höhenausgleichs-Magnetventil *n*
altitude compensator	Höhenausgleichsvorrichtung *f*
altitude valve	Flüssigkeitsstandregler *m*
ambient condition	Umgebungsbedingung *f*
amount of air entering the engine	vom Motor angesaugte Luftmenge *m*
amount of fuel injected	eingespritzte Kraftstoffmenge *f*
amount of oxygen	Sauerstoffmenge *f*
amount of wear	Umfang der Abnutzung *m*
amplification stage	Verstärkerstufe *f*

anaerobic *(without oxygen)* sealant	anaerobes Dichtmittel *n*
analogue-to-digital converter	Analog- / Digital-Wandler *m*
analyze a test result	Messergebnis auswerten *n*
anchoring wire	Spanndraht *m*
ancillary component	Nebenaggregat *n*
ancillary equipment	optionale Ausrüstung *f*
angle plate	Aufspannwinkel *m*
angular bolting	Schwenkverschraubung *f*
angular groove	Ringnut *f*
angular mask	Ringmaske *f*
angular orientation	Winkelorientierung *f*
angular orientation accuracy	Genauigkeit der Winkelorientierung *f*
angular position	Winkelposition *f*
anomaly	Störung *f*
answering circuit	Abfrageschaltung *f*
anti wheel-spin control (system) (ASC)	Antriebsschlupfregelung (ASR) *f*
anti-backlash coupling	Spielausgleichskupplung *f*
anti-dieselling valve	Leerlaufabschaltventil *n*
anti-knock control	Antiklopfregelung (AKR) *f*
anti-lock braking system (ABS)	Anti-Blockier-System (ABS) *n*
anti-skid	rutschfest
anti-skid braking system	Anti-Schleuder-Bremssystem *n*
anti-skid shim	rutschfeste Scheibe *f*
anti-stall delivery	Stall-Anschlageinstellung *f*
anti-stall screw	Stall-Anschlagschraube *f*
anti-stall stop	Stall-Anschlag *m*, Stall-Anschlagstellung *f*
anti-stall stop setting	Einstellung des Stall-Anschlags *f*
anti-surge	Überspannungsbegrenzung *f*
anti-surge controller	Pumpgrenzregler *m*
anti-theft (alarm) system	Diebstahlwarnanlage, Wegfahrsperre *f*
anti-vibration mounting	schwingungsfreie Befestigung *f*
anvil block	Gegenhalter *m*
apex of profile	Profilscheitel *m*
appearance	Aussehen *n*
application data held in memory	Speicherung von Applikationsdaten *f*
application flexibility	Anpassfähigkeit *f*
application of a control signal	Einsatz eines Steuersignals *m*
application package	Applikationspaket *n*
application software	Anwendungssoftware *f*
application(s)	Anwendungsbereich *m*
apply *(pressure, signal)*	beaufschlagen, bereitstellen
apply a sealant	Dichtmittel aufbringen *n*
apply a signal to	Signal übermitteln an *n*
apply pressure	beaufschlagen mit Druck *m*
apply to a graph	Grafik ergänzen *f*
area applied	Auftragungsfläche *f*
arm	Hebel, Zwischenhebel *m*

armature *(motor)*	Anker *m*
arrange	anordnen
arranged in parallel	parallel angeordnet
arrangement drawing	Anordnungsplan *m*
arrangement see parts list	Anordnung siehe Stückliste *f*
arrest a pallet	Palette arretieren *f*
as requested by the driver	vorgegeben durch den Fahrer *m*
as subsystem	im Verbund *m*
as-built drawing	Revisionszeichnung *f*
as-delivered condition	Lieferzustand *m*
assemblies	Bauteile *n pl*
assembly	Aufbau *m*, Montage *f*, Zusammenbau *m*, einbauen, installieren, montieren
assembly device	Montagevorrichtung *f*
assembly drawing	Montagezeichnung *f*
assembly equipment	Montagetechnik *f*
assembly fault	Montagefehler *m*
assembly group	Baugruppe *f*
assembly guide	Montagehülse *f*
assembly key	Montageschlüssel *m*
assembly kit	Montagesatz *m*
assembly line	Montageanlage / -linie *f*
assembly line production	Fließfertigung *f*
assembly machines	Montageausrüstung / -technik *f*
assembly of the circlip	Aufschlagen des Sprengrings *n*
assembly plant	Montagewerk *n*
assembly position	Einbaulage *f*
assembly schedule	Montageplan *m*
assembly sequence	Montagefolge *f*
assembly support	Montagebock *m*
assembly system	Montageanlage / -linie *f*
assembly to customer order	Montage nach Kundenauftrag *f*
assembly trolley	Werkzeugwagen *m*
assembly unit	Baugruppe *f*
assign	übertragen, zuordnen
assignable causes	zuweisbare Fehlerursachen *f pl*
assignment	Zuordnung *f*
assignment component	Zuordnungsteil *n*
assist starting	Start erleichtern *m*
associated parameter	zugehöriger Parameter *m*
associated with	zugeordnet
assy servo girvac	Zusammenbau Bremskraftverstärker *m*
at full throttle	bei Volllast *f*
at idle	im Leerlauf *m*
at part-throttle	bei Halbgas *n*
at the correct point of time	zum richtigen Zeitpunkt *m*
atmospheric conditions	Witterungsverhältnisse *n pl*

atomization	Zerstäubung *f*
attach to	anbringen an
attachment	Anbauteil *n*, Befestigung *f*
attachment drawing	Anbauzeichnung *f*
attenuate	abdämpfen
attenuator plug	Adapteranschluss *m*
audio system	Audiosystem *n*
audit	Güte- / Qualitätssicherung *f*
auto(matic) advance	automatische Verstellung *f*
auto-adjusting caliper	automatisch nachstellender Bremssattel *m*
automatic adaptation	automatische Adaptierung *f*
automatic adjuster	selbsttätige Nachstellvorrichtung *f*
automatic choke	Startautomatik *f*
automatic choke return	Ausschalten der Startautomatik *n*
automatic diagnostic test	automatische Diagnoseprüfung *f*
automatic following distance control	automatische Abstandsregelung *f*
automatic gearbox kickdown	Kickdown des Automatikgetriebes *m*
automatic lighting control (ALC)	automatisches Abblendlicht *n*
automatic oil fill	automatische Ölbefüllung *f*
automatic stability control (ASC)	automatische Stabilitätskontrolle *f*
automatic starting control	Anfahrautomatik *f*
automatic test run	automatischer Prüflauf *m*
automatic transmission	Automatikgetriebe *n*
automatic transmission fluid (ATF)	Hochleistungsgetriebeöl für automatische Getriebe und Servolenkung *n*
automotive open systems architecture (Autosar)	Elektronikarchitektur mit standardisierten Schnittstellen und gemeinsamer Softwarestruktur *f*
auxiliary spray	Hilfsspritzstrahl *m*
auxiliary spray hole	zusätzliches Spritzloch *n*
auxiliary valve	Entlastungsventil *n*
average strength of the current supplied	Durchschnittswert eines Steuersignals *m*
averaged injection images and data	Durchschnittsverteilung bei der Einspritzung *f*
avoid turbulences	Turbulenzen vermeiden *f pl*
axial change	Axialverschiebung *f*
axial play	Axialspiel *n*
axially displaced	axial versetzt
axle beam	Achskörper *m*

B

back bleed	rückentlüften
back of piston	Kolbenboden *m*
back pressure	Gegendruck *m*
back pressure limiter	Staudruckbegrenzer *m*
backfire	Rückschlagen der Zündung *n*
backflush	Durchspülung *f*
backing plate	Stützplatte *f*
backlash	Flankenspiel *n*
backleak	Rücklauf- / fluss *m*
backleak connection	Rücklaufanschluss *m*
backleak trim mode	Rücklaufabgleich *m*
backleak valve	Rücklaufventil *n*
back-stop availability	abgesicherte Verfügbarkeit *f*
back-up mode	Bereitschaftsmodus *m*
backup lamp	Kontrollampe *f*
baffle	Ablenk- / Abschirm- / Spritzblech, Leitblech *(am Ansaugkrümmer) n*, Sperre *f*
balance	ausgleichen, kompensieren; Abstimmung *(Bremsscheibe) f*, Ausgleich *m*, Kompensation *f*
balance check on vented discs	Abstimmungsprüfung an belüfteten (Brems-) Scheiben *f*
balanced discs	abgestimmte (Brems-)Scheiben *f pl*
ball bearing guide roller	kugelgelagertes Laufrad *n*
ball bearing outer race	Kugellagerlaufring *(außen) m*
ball capsule	Kugelkapsel *f*
ball connection	Kugelanschluss *m*
ball end screw driver	Kugelkopf-Schraubendreher *m*
ball joint	Kugelgelenk *n*
ball plug	Kugelverschluss *m*
ball plug insertion	Kugelmontage *f*
ball screw actuator	Stellglied mit Schraubspindel und Mutter *n*
ball valve	Kugelhahn *m*, Kugelventil *n*
ballast resistor	Vorschaltwiderstand *m*
banana plug socket	Bananensteckerbuchse *f*
banjo	Ringanschluss *m*
banjo bolt	Banjo- / Hohlschraube *f*
banjo outlet bolt	Banjoauslassschraube *f*
bar code reader	Streifenetikettleser *m*
bar tie	Zugbolzen *m*
base	Bezugsgröße, Grundplatte *f*, Podest *n*
base construction *(conveyor system)*	Bahnkörper *m*
base frame	Grundgestell *n*, Grundrahmen *m*

base lines	Grenzwerte *m pl*
base nut	Haltemutter *f*
base of a filter	Boden eines Filters *m*
baseline system	Basissystem *n*
basic module	Grundbaustein *m*
basic testing	Grundprüfung *f*
basic timing	Grundeinstellung *f*
batch size 1, one off	Losgröße 1 *f*
battery is being charged	Ladevorgang der Batterie *m*
battery negative terminal	Minuspol einer Batterie *m*
battery positive terminal	Pluspol einer Batterie *m*
battery voltage	Batteriespannung *f*
be a safety hazard	Sicherheitsrisiko darstellen *n*
be against	anliegen an
be aligned with	ausgerichtet sein mit
be angled	winkelig ausgelegt
be built into the spring side	federseitig eingebaut
be capabable of receiving a command	einen Steuerbefehl aufnehmen *m*
be chamfered	gefast sein
be clear of	nicht in Berührung sein *f*
be engaged with one another	ineinander greifen
be horizontal	horizontal ausgerichtet
be inversely proportional to	umgekehrt proportional verhalten
be matched with	gepaart sein mit
be mated to	eingepasst in
be not too restrictive *(limits)*	nicht zu eng setzen
be not too wide open *(limits)*	nicht zu weit erstellen
be of one-piece design	aus einem Stück bestehen *n*
be out of alignment	unabgeglichen sein
be sticking intermittently *(valve)*	zeitweise „hängen bleiben"
be stuck open / closed *(valve)*	verklemmt sein in offener / geschlossener Stellung *f*
be subjected to pressure	mit Druck beaufschlagen *m*
be subjected to rig testing	auf einem Prüfstand testen *m*
be suitable for further service	geeignet für die Wiederverwendung *f*
be suitable / suited for production applications	geeignet für den Einsatz in der Produktion *m*
bead *(of a sealant)*	Wulst *m*
bearing (BRG)	Lager *n*
bearing bedding	Lagergasse *f*
bearing block	Lagerklotz *m*
bearing bracket	Lagerbock *m*
bearing cap assembly	Lagerdeckelmontage *f*
bearing cone	Lagerlaufring *m*
bearing cup	Lagerring *m*
bearing housing	Lagergehäuse, -schild *n*
bearing inner ring	Lagerinnenring *m*
bearing insert / liner *(shell)*	Lagerschale *f*

bearing presence test	Überprüfung der Lager *f*
bearing pressure / reaction force / stress	Anpressdruck *m*, Reaktionskraft *f*
bearing pulls out	Lager reißt aus *n*
bearing race	Lagerlaufring *m*
bearing roller retainer	Lagerrollensicherung *f*
bearing surface	Auflagefläche *f*
bedding process	Einpassen *n*
before top dead centre (BTDC)	vor OT
bell housing	Kupplungsglocke *f*
belleville washer	Tellerfederscheibe *f*
bellows	Faltenbalg *m*
belt-driven camshaft	Nockenwelle mit Riemenantrieb *f*
bench	Maschinenbett *(auf Füßen ruhendes) n*
bend	Biegung *f*, Knierohr *n*
bend test jig	Biegevorrichtung *f*
bent over lip	umgebogene Lasche *f*
bent strap	Biegestreifen *m*
bevel gear	Kegelradgetriebe *n*
bevel geared motor	Kegelradgetriebemotor *m*
black smoke	Blaurauch *m*
black smoke emission	Entwicklung von Blaurauch *f*
blade	Flügel *m*, Schaufel *f*
blade-type feeder	schaufelförmige Vorschubeinrichtung *f*
blank product	Rohteil *n*
blanking plug	Blindverschlussschraube *f*, Blind- / Verschluss- stopfen *m*
bleed a brake	Bremse entlüften *f*
bleed valve	Entlüftungsventil *n*
bleeder	Ablassventil *n*
bleeding *(steam, water)*	Entlüftung, Entnahme *f*
blind hole	Blindbohrung *f*
blind plate	Steckscheibe *f*
blind plug	Blindstopfen *m*
blips *(pulses)*	Impulse *m pl*
block	blockieren
block and final assembly	Block- und Endmontage *f*
block and hook device	Block- und Hakenvorrichtung *f*
block diagram	Block- / Prinzipschaltbild *n*
block features	Rüststatus eines Motorblocks *m*
block flame face seal	Abdichtung mit Motorblockdichtung *f*
block loading system	Einschleusen des Motorblocks *n*
blocked *(fuel line)*	verstopft
blow the sealant out of the engine	Dichtung aus dem Motor herausblasen *f*
blowby	Kurbelgehäuseentlüftungsmenge *f*
blued *(area)*	blau geglüht
body clamp	Gripzange *f*

body electronics	Fahrwerkelektronik *f*
bolt	Begrenzungsschraube *f*
bolt pad	Dichtplatte, Druckunterlage *f*
bolt tightening sequence	Anzugsreihenfolge von Schrauben *f*
bolt torque	Schraubenanzugsmoment *n*
bolt type fitting(s)	Schneidringverschraubung, Verschraubung *f*
bolt-up	fixierte Verschraubung *f*
bolt-up angle	Befestigungswinkel *m*
bolt-up limits	Grenzwerte durch Justierschrauben einstellen *m pl*
bonded-on sealing ring	verschweißter Dichtring *m*
boost	Vakuumunterstützung *f*
boost actuator	Ladedruckstellglied *n*
boost control	Ladedrucksteuerung *f*, Verdichtungsregler *m*
boost control body	Ladedruckreglerkörper *m*
boost control cover	Ladedruckreglerdeckel *m*
boost control unit	Ladedruckregler *m*
boost fuel	Verdichtungskraftstoff *m*
boost stroke	Ladedruckhub *m*
bore	Bohrung *f*
bore gauging integration	Überprüfung der Zylinderbohrungen *f*
bottom dead centre (BDC)	unterer Totpunkt (UT) *m*
bowl feeder	Schwingförderer *m*
bowl of a filter	Filtertopf *m*
bowl version of a filter	Behälterversion eines Filters *f*
bowl-shaped	schüsselförmig
bracket	Galgen *m*, Halterung *f*
brake / braking system	Bremsanlage *f*, Bremskreislauf *m*
brake apply component / system	Betätigungseinrichtung einer Bremse *f*
brake booster	Bremsassistent / Bremskraftverstärker *m*
brake cable	Bremsseil *n*
brake circuit	Bremskreis *m*
brake disc	Bremsscheibe *f*
brake efficiency meter	Bremsprüfgerät *n*
brake fluid	Bremsflüssigkeit *f*
brake 'judde'	Rubbeln der Bremsen *n*
brake noise	Bremsgeräusch *n*
brake pad	Bremsbelag *m*
brake pedal switch	Bremspedalschalter *m*
brake servo	Bremskraftverstärkung *f*
brake shoe	Bremsbacke *f*
brake slip	Bremsschlupf *m*
brake torque	Bremsmoment *n*
brake vacuum	Bremsunterdruck *m*
brake-by-wire	Bremsen per Side-Stick *n*
braking effect	Bremswirkung *f*
branch section *(of a conveyor system)*	Nebenstrecke *f*

brass-bristled brush	Messingbürste *f*
break down	unterteilen
break-out-box (BOB)	Prüfbox *f*
breakdown	kompletter Ausfall *m*
breaker plate	Unterbrecherplatte *f*
breakerless ignition system	kontaktlose Zündanlage *f*
breakpoint	Fixpunkt *m*, Programmstopp *m*
bucket tappet	Tassenstößel *m*
buffer	Polster *n*
build process	Fertigungsprozess *m*
build state	Baustatus *m*
build up pressure	Druck aufbauen *m*
built-in component	Einbauteil *n*
bulb pump, bulb-type hand primer	Balgpumpe *f*
bulk reservoir	Speichertank *m*
bulkhead	Adapterteil *n*, Anschlussbalken / -träger *m*, Trennwand *f*
bundy-type union	gebördelter Rohrleitungsanschluss *m*
burst and choking characteristics	Start- und Berstkennfelder *n pl*
bursting characteristics	Berstkennfeld *n*
bush	Buchse *f*
bushed	buchsenförmig
butterfly (valve)	Drosselklappe *f*
button-up (AE)	aufrüsten
button-up assembly	Endmontage *f*
bypass hole	Bypassbohrung *f*

C

cabin filter	Frischluftfilter *m*
cable	Kabel *n*
cable arrangement	Anschlussschema *n*
cable bush	Kabelführungsbuchse *f*
cable clamp	Kabelklemme *f*
cable grip	Ziehstrumpf *m*
cable lock	Kabelsicherung *f*
cable looping	Kabelabhängung *f*
cable mounting point	Anschlussstelle des Kupplungsseils *f*
cable routing	Kabelführung *f*
cable type	Kabelausführung *f*
calculate the fuel consumption	Kraftstoffverbrauch berechnen *m*
calibration	Kalibrierung *f*
calibration cart	Kalibrierwagen *m*
calibration figure	Kalibrierwert *m*
calibration fluid / medium	Kalibrierflüssigkeit *f*, Kalibriermedium *n*
calibration procedure	Kalibrierverfahren *n*
calibration reading	Kalibrieranzeige *f*
calibration trolley	Kalibrierwagen *m*
calibration value	Kalibrierwert *m*
calibrator	Kalibriergerät *n*
caliper	Bremssattel *m*
caliper piston housing spring	Bremskolbenfeder *f*
cam	Nocken, Reiter *m*
cam (ring)	Nockenring *m*
cam advance screw	Nockenringverstellschraube *f*
cam calibration	Nockenringkalibrierung *f*
cam control	Nockenringsteuerung *f*
cam dog	Nockenleiste *f*
cam drive	Kurvenantrieb *m*
cam follower	Nockenring- / Schlepphebel *m*
cam in head engine	Motor mit oben liegender Nockenwelle (OHV-Motor) *m*
cam is under open-loop control	Nockenringsteuerung im offenen Regelkreis *f*
cam monitoring	Nockenringüberwachung *f*
cam movement	Nockenringbewegung *f*
cam position	Nockenringstellung *f*
cam position check	Überprüfung der Nockenringstellung *f*
cam ring 'bounce' / 'bouncing' phenomenon	Anschlagen / Springen des Nockenrings *n*
cam ring movement	Nockenringweg *m*
cam ring pin	Nockenringbolzen *m*
cam step	Nockenringvorgabe *f*
cam-locked	nockenverriegelt

cambox component	Nockengehäuseteil *n*
cambox pressure	Gehäusedruck *m*
cambox pressurising valve	Gehäusedruckventil *n*
camshaft case	Nockenwellengehäuse *n*
camshaft cover	Nockenwellendeckel *m*
cap nut	Hut- / Überwurfmutter *f*
capacity	Füllvolumen *n*
captive *(shim, cap)*	gesichert
captive cap *(of a filler neck)*	Schnappverschluss *m*
capture by a camera	erfassen durch eine Kamera *f*
captured main drive plate	Antriebsplatte, unverlierbare *f*
car line	Dachspriegel *m*
carbon deposits	Karbonablagerungen *f pl*
carbon pile	Kohledrucksäule *f*
carburettor tuning	Einstellung des Vergasers *f*
cardan shaft	kardanisch gelagerte Welle, Kardanwelle *f*
carpet *(of a car)*	Innenverkleidung *f*
carriage	Schlitten *m*
carry out a battery Volt-drop test	Spannungsabfall der Batterie messen *m*
carry out tests again	Prüfungen wiederholen *f pl*
carry out / run a test	Test ausführen *m*
case *(procedure)*	Vorgehensweise *f*
case, casing	Gehäuse *n*
cast housing	Gussgehäuse *n*
castor	Nachlauf *m*
catch plate	Mitnehmerblech *n*
catch spring	Schnappfeder *f*
cause	Fehlerursache *f*
cause vibration	Schwingungen hervorrufen *f pl*
central processing unit (CPU)	zentrale Steuereinheit *f*
central switchgear	zentrale Schaltanlage *f*
central-locking system	Zentralverriegelung *f*
central / centring synchromesh gear / transmission	Zentral-Synchron-Getriebe (ZSG) *n*
centre bolt	Mittelbolzen *m*
centre cover	Mittenabdeckung des Ventildeckels *f*
centre durability	Zentrierfähigkeit *f*
centre guide	Mittenführung *f*
centre mark	Körnerpunkt *m*
centre of mass	Massenschwerpunkt *m*
centre screw	Mittelbolzen *m*
centre tube of a filter element	Mittelrohr eines Filterelements *n*
centreline spacing	Mittenabstand *m*
centrifugal compressor	Radialverdichter *m*
centrifugal plate	Schleuderscheibe *f*
centring bolt	Zentralschraube *f*
centring bush	Zentrierbüchse *f*

centring flange	Zentrierflansch *m*
centring lug	Zentrierzunge *f*
ceramic heater element	Keramikheizelement *n*
certain volume of fuel	vorgegebene Kraftstoffmenge *f*
chafing	Abrieb *m*
chain bearing (running) surface	Kettenlauffläche *f*
chain bypass	Kettenumlenkung *f*
chain drive	Kettenantrieb *m*
chamfer	Fase *f*
chamfered	konisch angefast
change a fixture	Palettenaufnahme umsetzen *f*
change a mode	Betriebsart / Funktion ändern *f*
change of shape	Formänderung *f*
change the voltage	Spannung ändern *f*
change to data	Datenänderung *f*
changeover switch	Umschalter *m*
changeover time	Übergabezeit *f*
channel	Kanal *m*
channel passage integrity	Kanaldurchgängigkeit *f*
characteristic value curve	Verlauf von charakteristischen Werten *m*
characteristics	Kennwerte *m pl*
charge air	Ladeluft *f*
charge air system	Ladedrucksystem *n*
charge indicator	Ladeanzeige *(Batterie) f*
charge warning light	Ladekontrolllampe *f*
charge-air gallery	Ladeluftverteilerleitung (LLVL) *f*
charging circuit	Ladekreis *m*, Stromversorgung *f*
charging cycle	Füll- / Zulaufvorgang *m*
charging port	Zulaufbohrung *f*
chart	Diagramm *n*
chassis ground	Fahrgestellerdung *f*
chassis module	Fahrwerkmodul *n*
'chatter' of nozzles during a test	Rattern von Düsen während eines Tests *n*
check for	(über)prüfen auf
check for integrity	probeweise untersuchen; Funktionalität überprüfen *f*
check lamp	Motorkontrolllampe *f*
check the continuity of the wire	Kabel auf Durchgang überprüfen *n*
check the validity of data / values over the entire range	Gültigkeit von Daten / Werten über den gesamten bereich prüfen *f*
check valve	Rückschlagventil *n*
cheek plate	Seitenplatte *f*
chill factor on exposed equipment	Abkühlung bei ungeschützter Ausrüstung *f*
choking characteristics	Start- / Verstopfungskennfeld *n*
C-hook *(conveyor system)*	C-Bügel *m*
circlip	Klemm- / Sicherungsring *m*
circlip groove	Sicherungsringnut *f*

circuit	Schaltkreis *m*, Schaltung *f*
circuit diagram	Schaltplan *m*
claim under warranty	während der Garantie reklamieren *f*
clamp	aufspannen; Bügel *m*
clamp a sealing	Dichtung aufbringen *f*
clamp at zero backlash	spielfrei einspannen
clamp load	Klemmlast *f*
clamp screw	Klemmschraube *f*
clamp tightly	spielfrei einspannen
clamp(ing) device	Spannvorrichtung *f*
clamp(ing) plate	Aufnahme- / Aufspann- / Spannplatte *f*
clamped non-positive *(mechanical)*	kraftschlüssig eingespannt
clamping cradle	Montagewanne *f*
clamping face	Aufnahme- / Aufspannfläche *f*
clamping fixture	Aufnahme(vorrichtung), Spannvorrichtung *f*
clamping force	Spannkraft *f*
clamping nut	Klemmmutter *f*
clamping shoe	Spannpratze *f*
classification	Zuordnung *f*
classification data	Zuordnungsdaten *pl*
classify	unterteilen, zuordnen
claw-shaped retainer	Krallenbügel *m*
claw-type extractor	Krallenabzieher *m*
clean side of a filter	Reinseite eines Filters *f*
cleaning kit	Reinigungsgerät *n*
clear a fault code	Fehlercode aufheben / löschen *m*
clear floor space	freier Bodenraum *m*
clear of floor	über der Bodenfläche *f*
clear out *(a station)*	leer fahren
clearance	Luft *f*, Vorhalt *m*
clearance hole	Durchsteckbohrung *f*
clevis	Gabelkopf *m*
climatic conditions	Witterungsverhältnisse *n pl*
clinch flange	Bördelflansch *m*
clip	Befestigungslasche *f*
clip-on filter	Klemmfilter *m*
clock frequency	Taktfrequenz *f*
clogged *(filter)*	verstopft
close loop	im Kreis zurückführender Bandstrecken-verlauf *m*
closed-loop monitoring	geregelte Überwachung *f*
cloudpoint	Cloudpoint, Stock- / Trübungspunkt *m*
clutch cable	Kupplungsseil *n*
clutch drag	Kupplungsschleifen *n*
clutch hydraulics	Kupplungshydraulik *f*
clutch kit	Kupplungsanlage *f*
clutch lever bush	Kupplungsarmbuchse *f*

clutch operating lever	Steuerhebel *(Kupplung) m*
clutch pack profile	Kupplungspaket *n*
clutch release lever	Kupplungsausrückhebel *m*, Kupplungs-schwinge *f*
clutch side	Kraftabtriebsseite *f*
clutch switch	Kupplungsschalter *m*
clutch to the front	Kupplung stirnseitig ausgerichtet *f*
CO % emission	Abgas CO in % *n*
coarse-reading pointer	Grobanzeige *f*
coded anti-start system (CAS)	kodierte Wegfahrsperre *f*
coil spring	Schraubenfeder *f*
coil tower	Zündspulendom *m*
cold advance	Kaltstartverstellung *f*
cold advance piston	Kaltverstellkolben *m*
cold conditions	Kaltwetterlage *f*
cold filter plugging point (CFPP)	Filterverstopfungstemperatur *f*
cold function overcheck (CFO)	Kaltfunktionstest *m*
cold idling phase	Kaltleerlaufphase *f*
collar	Hülse *f*, Kragen *m*, Manschette, Schulter *f*, Spannfutter *n*
collared bush	Bundbuchse *f*
collate information	Informationen sammeln *f pl*
collect	abnehmen, sammeln
collecting bowl *(of a filter)*	Sammelbehälter / -topf *m*
collecting dirt	Schmutzeintritt *m*
collecting pan / tray	Auffangwanne *f*
collection patternator	Erfassungsgerät *n*
collet	Keil *m*, Klemmhülse *f*
collet insertion *(cylinder)*	Ventilkeilmontage *f*
collet tool	Spannzange *f*
collision avoidable capability	Crash-Alarm *m*
collision warning system	Aufprallwarnung *f*
colour coding	Farbkennzeichnung *f*
column mount	Säulengestell *n*
combination of hazardous events	Gefahrengruppe *f*
combined active and passive safety system (CAPS)	aktives und passives Sicherheitskonzept / -system *n*
combustion	Brennvorgang *m*
combustion chamber	Brennraum *m*
combustion chamber sensor	Brennraumdrucksensor (BDR) *m*
combustion face *(AE)*	Zündseite *f*
combustion heat	Verbrennungswärme *f*
combustion residue	Verbrennungsrückstand *m*
command	steuern; Steuerbefehl *m*
command signal	Steuersignal *n*
commencement of injection	Einspritzbeginn *m*
commissioning	Inbetriebnahme *f*

commissioning date	Datum der Inbetriebnahme *n*
common engines	gängige Motoren *m pl*
common rail	Common Rail, Dieselverteilerleitung *f*
common-rail technique	Common-Rail-Verfahren *n*
communication	Datenaustausch, Dialog *m*, Kommunikation *f*
comparator check	Prüfen durch Vergleich *n*
compensate for system faults	Systemfehler beheben *m*
compensation resistor	Ausgleichswiderstand *m*
complete	beenden, fertigstellen, optimieren
complete a feed system	Kraftstoffférdersystem optimieren *n*
complete a test cycle	Prüfzyklus beenden *m*
complete acceptance	Abnahme im Verbund *f*
complex diagnostic procedure	Diagnoseverfahren, komplexes *n*
compliance bush	Ausgleichsbüchse *f*
component	Bauteil *n*
component drawing	Werkstückzeichnung *f*
component inspection	Überprüfen von Teilen *n*
component manufacturing	Fertigungstechnik *f*
component parts	Einzelteile *n pl*
compound	Dehnstoff *m*
compressed air	Druckluft *f*
compressed air connection	Druckluftanschluss *m*
compressed-air conditioning (unit)	Druckluftaufbereitung *f*
compressed-air piping	Druckluftverbindung *f*
compression (pressure)	Verdichtungsdruck *m*
compression gauge	Verdichtungsmesser *m*
compression height	Kompressionshöhe *f*
compression spring	Druck- / Primär- / Ventil- / Zylinderdruckfeder *f*
compression stroke	Verdichtungstakt *m*
compression tool	Druckvorrichtung *f*
compressor cutting-in	Zuschalten des Klimakompressors *n*
computer cable	Rechnerkabel *n*
computer-controlled hybrid system	computergesteuertes Hybridsystem *n*
con rod length	Pleuelstangenlänge *f*
conceptual design work	Konstruktionskonzept *n*
condition of an engine	Allgemeinzustand eines Motors *m*
condition of brakes	Zustand der Bremsen *m*
conditioning equipment	Aufbereitungsvorrichtung *f*
configurable architecture for processing, analysis and control (CAPAC)	Software für Prozesssteuerung, überwachung und -analyse *f*
configurated for internal use in the computer	rechentechnisch aufbereitet
configuration	Anordnung, Konfiguration *f*
configuration (design)	Ausführung *f*
confirm a fault by displaying variables	Fehler durch Anzeige von Variablen bestätigen *m*
confirmation test	Verifizierungstest *m*

conical spring	Ventilfeder *f*
connect in a pump	Pumpe zuschalten *f*
connect manually	manuell anschließen
connected	angeschlossen, zugeschaltet
connected loads *(electrical)*	Anschlusswerte *m pl*
connected to 0 V	auf 0 V geschaltet
connecting bracket	Verbindungsträger *m*
connecting circuit	Anschluss *m*
connecting-rod bearing	Pleuellager *n*
connection	Anschluss *m*, Aufschaltung *f*
connection bolt	Verbindungsbolzen *m*
connection piping	Anschlussleitungen *f pl*
connection port	Anschlussbohrung *f*
connection system	Anschlüsse *m pl*
connection system is at fault	fehlerhafte Anschlüsse liegen vor *m pl*
connector	Steckverbinder *m*
connector scrolls	Steckerspiralen *f pl*
console	Bedienfeld *n*
constant speed	gleich bleibende / konstante Drehzahl *f*
constant velocity (CV)	Gleichlauf *m*
constant-torque wrench	Drehmomentenschlüssel mit konstantem Drehmoment *m*
constrained	eingespannt
construction	Aufbau *m*, Bauweise *f*
construction height	Bauhöhe *f*
consult a test method	Prüfverfahren abfragen *n*
consumer	Verbraucher *m*
contact area / face	Kontaktfläche *f*
contact surface	Anschluss- / Auflagefläche *f*
contactor	Schaltschütz *n*
contamination	Verunreinigung *f*
continuity of a wire	Durchgang eines Kabels *m*
continuity test	auf Durchgang prüfen *m*, Durchgangs- / Kontinuitätsprüfung *f*
continuous damping control (CDC)	elektronisch gesteuerte Dämpferregelung *f*
continuous monitoring of the validity of the readings taken	kontinuierliche Plausibilitätsprüfung der erfassten Werte *f*
continuously monitor the effective execution of instructions	Bestätigung der korrekten Steuersignale *f*
continuously variable transmission (CVT)	Autotronic *f*, CTV-Getriebe *n*, stufenloses Getriebe *n*
contour mapping	Konturbildung *f*
contractual obligation	Vertragsleistung *f*
control	regeln, steuern
control and communication system	Leittechnik *f*
control and pusher unit	Kontroll- und Einstosseinheit *f*
control area network (CAN)	Datenaustauschnetz *n*

control body	Steuerblock *m*, Steuergehäuse *n*
control bracket	Reglerkonsole *f*
control button	Bedientaste *f*
control cover	Reglerdeckel *m*
control cylinder	Schaltzylinder *m*
control device	Betätigungseinrichtung *f*
control electrically	elektrisch ansteuern
control force	Betätigungskraft *f*
control function	Steuerfunktion *f*
control lever	Reglerarm, Schalt- / Verstellhebel *m*
control line	Steuerleitung *f*
control module	Steuermodul *n*
control orifice	Messblende *f*
control output	Istwert *m*
control plate	Betätigungsplatte *f*
control precisely	genau festlegen
control relay	Steuerrelais *n*
control rod	Steuerstange *f*
control screw	Einstellschraube *f*
control shaft	Reglerspindel / -welle *f*, Steuerhebel *m*
control signal	Ansteuer- / Steuersignal *n*
control software	Steuerungssoftware *f*
control station	Anlagenleitstand *m*
control system	Steuerung *f*, Steuersystem *n*
control system	Steuerungstechnik *f*
control system indexes sth. for sth.	Steuersystem fährt etw. an *n*
control the point at which injection commences	Einspritzzeitpunkt festlegen *m*
control unit	Steuereinheit *f*, Steuergerät *n*
control unit reference voltage	Bezugsspannung des Steuergeräts *f*
control valve	Ausgleichs- / Regel- / Steuerventil *n*
control voltage	Steuerspannung *f*
controlled amount of exhaust gas	geregelte Abgasmenge *f*
controlling factor	Regelfaktor *m*
controls	Bedienelemente *n pl*, Steuereinheiten *f pl*
controls architecture	Steuerungsaufbau *m*, Steuerungskonzept *n*
conventional	herkömmlich
conversion	Umrechnung *f*
conversion kit	Umrüstsatz *m*
conversion table	Umrechnungstabelle *f*
converter	Messwandler, Wandler *m*
converter clutch	Wandlerschaltkupplung *f*
conveyor body	Bahnkörper *m*
conveyor design	Auslegung des Transportsystems *f*
conveyor section	Bandstrecke *f*
conveyor system	Förder- / Transportsystem *n*, Verkettung *f*
coolant level	Kühlmittelstand *m*

coolant reservoir	Kühlmittelbehälter *m*
coolant temperature	Kühlmitteltemperatur *f*
cooling unit	Kühlaggregat *n*
copper grease	kupferhaltiges Montagefett *n*
copper slip	Kupferpaste *f*
core plug *(cylinder)*	Kernlochstopfen *m*
core plug insertion	Kernlochstopfmontage *f*
correct firing sequence	genaue Zündfolge *f*
correct grade of fuel to suit the season	für die entsprechende Jahreszeit geeigneter Kraftstoff *f*
correct operation	Funktionalität *f*
correction figure	Korrekturwert *m*
corrupt test result	Prüfergebnis verfälschen *n*
cost controlling	Kostenverfolgung *f*
cost of service	Wartungskosten *pl*
count	Zählerstand *m*
count down	rückwärts zählen
count up	aufwärts zählen
counterbore	zylindrische Senkbohrung, Zylindersenkung *f*
countershaft	Vorlegewelle *f*
countershaft	Gegenwelle *f*
countersink	Kegelsenker *m*
counterweight	Gewichtsausgleich *m*
couple adherent to sth.	kraftschlüssig ankoppeln
cover	Abdeckung *f*
cover bolt	Deckelschraube *f*
cover cap	Abschlussdeckel *m*
cover plate	Abschlussplatte *f*
cover plug	Deckelverschlussschraube *f*
cover pressing	Anpressdruck der Platte *m*
cover screw	Deckelschraube *f*
cover sheet	Abdeckblech *n*
cover strip	Abdeckprofil *n*
crank	ankurbeln, anlassen
crank pin	Hubzapfen *m*
crank the engine	Anlasser betätigen, Motor durchdrehen *m*
crankcase	Kurbelgehäuse (KG) *n*
crankcase breather	Kurbelgehäusebelüftung *f*
cranking speed	Anlassdrehzahl *f*
crankshaft adapter	Kurbelwellenadapter *m*
crankshaft centreline	Mittellinie der Kurbelwelle *f*
crankshaft journal	Kurbelwellenzapfen *m*
crankshaft seal	Kurbelwellendichtung *f*
crankshaft timing gear	Kurbelwellenrad *n*
cranktrain	Kurbeltrieb *m*
crawler	Kriechgang *m*
create	erstellen, generieren

create a test plan	Prüfplan erstellen *m*
create a timing request	Ansteuersignal erzeugen *n*
creep effect	Kriechwirkung *f*
critical area for wear	kritischer Verschleißbereich *m*
cross *(fault)*	grob
cross acceleration	Querbeschleunigung *f*
cross conveyor	Querband *n*
cross reference list	Zuordnungstabelle *f*
cross shaft	Querwelle *f*
cross shaft top bush	Getriebewelle wird in die Kurbelwelle gesteckt *(in der Kurbelwelle ist ein Lager montiert, das die Welle aufnimmt) f*
cross strut	Querstrebe *f*
cross wheel drive	Malteserkreuzantrieb *m*
cross-check	Gegenprüfung *f*
cross-reference	Querverweis *m*
crossed spark plug cables	vertauschte Zündkabel *n pl*
crossing *(conveyor system)*	Übergang *m*
crossover leak tests	gegenseitige Lecktests *m pl*
cruise	konstante Geschwindigkeit *f*
cruise control unit	Tempomat, Tempo-Pilot *m*
cruise input	Tempomat-Eingang *m*
cure	aushärten
current fault	aktueller Fehler *m*
current-(to)-vacuum transducer (CVT)	Vakuumwandler, Strom-Vakuum-Wandler *m*
curve	Kurve, Messkurve *f*
cushion	(ab)dämpfen
cushioned stops	gedämpfte Festanschläge *m pl*
custom-tailoring program	Programm, das auf Kundenwünsche abgestimmt ist *n*
customer specifications	Pflichtenheft *n*
customer's responsibilities	Aufgaben des Kunden, Kundenbeistellungen *f pl*
cut in *(a circuit)*	einschalten
cut out correctly *(A / C compressor)*	korrekt ausschalten
cut-off device	Abschaltsicherung *f*
cutaway	Ausschnitt *m*
C / V joint	C / V Verbindung *f*
cycle a tester	Prüfgerät einem Zyklus unterziehen *n*
cycle control	Ablaufsteuerung *f*
cycle life	Zyklenlebensdauer *(Batterie) f*
cycle reference cylinder	Masterzylinder des Arbeitsspiels *m*
cycle time	Taktzeit *f*
cycling valves	Poppen, Reppen *n*
cylinder body	Zylindergehäuse *n*
cylinder bore	Zylinderbohrung *f*
cylinder bore diameter	Zylinderdurchmesser *m*

cylinder charge	Zylinderfüllung *f*
cylinder cut-off / shut-off	Zylinderabschaltung (ZAS) *f*
cylinder head	Zylinderkopf *m*
cylinder head assembly	Zylinderkopfmontage *f*
cylinder head backleakage	Rücklaufmenge aus dem Zylinderkopf *f*
cylinder head casting	Zylinderkopfguss *m*
cylinder head cover	Zylinderkopfhaube *f*
cylinder head face	Zylinderkopffläche *f*
cylinder head gasket	Zylinderkopfdichtung *f*
cylinder head steam holes	Dampfentlastungsbohrungen *f pl*
cylinder liner	Zylinderlaufbuchse *f*
cylinder pressure	Zylinderdruck *m*
cylinder to TDC	Zylinder auf OT *m*
cylinder wall	Zylinderwandung *f*
cylinder waveform	Zylinderkurve *f*

D

dab of paint	Farbmarkierung *f*
daily yield	Ausbringung pro Tag *f*
damaged	beschädigt
damper-throttle stop	Dämpfer-Drossel-Anschlag *m*
dashpot	Brems- / Dämpfungszylinder, Puffer *m*
data	Daten *pl*, Messwerte *m pl*
data acquisition / logging (system)	Daten- / Messwerterfassung(ssystem) *f*
data analysis / evaluation	Datenauswertung *f*
data carrier / tag	Datenträger *m*
data filing	Speicherung von Daten *f*
data logging computer	Daten- / Messwerterfassungsrechner *m*
data processing	Datenverarbeitung *f*
data protection key (DONGLE)	Datenschutzschlüssel *m*
data return	Datenrücklauf *m*
data transfer / transmission	Datenübertragung *f*
datum	Bezugsgröße *f*
datum a component	Komponente entsprechend zuordnen *f*
datum edge	Ausrichtkante *f*
DCU receives a reading	Signal an die DCU *n*
dead stop	Festanschlag *m*
debugging	Fehlersuche und -korrektur *(in Computerprogrammen oder Software) f*, Maßnahmen zur Störungsbehebung *f pl*
decay *(signal, pressure)*	abklingen, abfallen
decay time	Abfallzeit *f*
decelerate *(speed)*	abnehmen
deceleration switch	Bremsschalter *m*
decline *(temperaure, voltage)*	abnehmen
declutch	ausrücken
decrease *(pressure)*	abnehmen
deep glass bowl *(filter)*	Tiefglastopf *m*
default reading / value	Prüf- / Standardwert *m*
default voltage	Prüfspannung *f*
defect	Fehler *m*
defect frequency	Fehlerhäufigkeit *f*
defective	fehlerhaft
defective assemblies	fehlerhafte Bauteile *n pl*
deflate *(data)*	komprimieren
deformation	Formänderung *f*
degrade *(module)*	abrüsten
delayed delivery schedule	verzögerte Lieferzeit *f*
deliver smooth, even braking performance	Bremswirkung, eine einwandfreie und gleichmäßige ~ gewährleisten *f*

delivery	Förder- / Kraftstoffmenge *f*
delivery adjuster plug	Einstellschraube für die Kraftstoffmenge *f*
delivery adjustment mechanism	Einstellmechanismus für die Kraftstoff-menge *m*
delivery output	Förderleistung *f*
delivery port	Förderkanal *m*
delivery schedule	Lieferzeit *f*
delivery valve	Druckventil *n*
demand	Soll *n*, Vorgabe *f*
DeNOx catalyst	DeNOx-Katalysator *m*
depth of discharge (DOD)	Entladetiefe *(Batterie) f*
derated emergency mode	Notbetrieb mit reduzierter Leistung *m*
derated mode	Betrieb am unteren Grenzwert *m*
derated performance	reduzierte Leistung *f*
description of operation	Funktionsbeschreibung *f*
design	Anordnung *f*, Aufbau *m*, Ausführung *f*
design change	Konstruktionsänderung *f*
design for assembly	Montagekonzept *n*
design for test	Prüfkonzept *n*
design review	Konstruktionsüberprüfung *f*
design stage	Projektierungsstufe *f*
design, manufacture, dispatch, supervision of installation, commissioning of a test stand	Entwicklung, Fertigung, Versand, Überwachung des Aufbaus, Inbetriebnahme eines Prüfstands *f*
designed for high load	ausgelegt für starke Beanspruchung *f*
despatch numbering system	Bestellnummern *f pl*
despatch / dispatch acceptance / inspection / test	Vorabnahme *f*
detail drawing	Detail- / Einzelteilzeichnung *f*
detect a defect, an error, a fault	Fehler erfassen / erkennen / ermitteln nachweisen *m*
detect a short-circuit	Kurzschluss nachweisen *(liegt vor) m*
detection sensor	Abstandswarnung *f*
detent ball	Arretierkugel *f*
detent pin	Sperrstift *m*
detent plate	Anschlag- / Arretierplatte *f*
detent spring	Arretierfeder f
development test stand	Entwicklungsprüfstand *m*
deviation	Abmaß *n*
diagnosis connector	Diagnosestecker *m*
diagnostic equipment	Diagnosegerät *n*
diagnostic indicator light	Diagnoseanzeige *f*
diagnostic lead / line	Diagnoseleitung *f*
diagnostic menu	Diagnosemenü *n*
diagnostic operation	Fehlersuche *f*
dial (test) gauge / indicator	Messuhr *f*
dialog	Datenaustausch *m*, Kommunikation *f*

diametral	entgegengesetzt
diametrically opposite	diametral entgegengesetzt
diaphragm-type pump	Membranpumpe *f*
diesel control unit (DCU)	Dieselsteuergerät *n*
diesel engine with direct injection	direkteinspritzender Dieselmotor *m*
diesel exhaust filter	Rußpartikel-Filtersystem *n*
diesel fuel	Diesel(kraftstoff) *m*, Dieselöl *n*
diesel knock	Klopfen des Dieselmotors *n*
diesel oil particles	Dieselruß *m*
differential	Ausgleichsgetriebe *n*
differential pressure method	Differenzdruckverfahren *n*
differential pressure valve	Differenzdruckventil *n*
differential valve	Ausgleichsventil *n*
difficult engagement	Schaltschwierigkeit *f*
dimensioning data	Aufmaßunterlagen *f pl*
dimensioning drawing / sheet	Maßbild *n*
dipstick	Messstab *m*
dipstick tube	Messstabrohr *n*
direct access	direkter Zugang *m*
direct incorrectly	ablenken
direct injection (DI)	Direkteinspritzung *f*
direct injection applications	Direkteinspritzanlagen *f pl*
direct injection engine	Motor mit Direkteinspritzung *m*
direct injection of charge air / exhaust gas	Direkteinspritzung von Ladeluft (DELA) *f*
directly controlled pressure reducing valve	direkt gesteuertes Druckminderventil *n*
dirty side of a filter	Schmutzseite eines Filters *f*
disable glow plugs	Glühstifte abschalten *m pl*
disappearance of the speed signal	Verlust des Motordrehzahlsignals *m*
disassembly	Demontage *f*
disc distortion	Verwerfung einer Bremsscheibe *f*
disc ratio	Fühlscheibe *f*
disc run-out	Scheibenschlag *(Bremse) m*
disc thickness variation (DTV)	Dickenschwankung *(Bremsscheibe) f*
discharge fuel through a valve	Kraftstoff durch ein Ventil pressen *m*
discharge position	Entnahmestellung *f*
discharge tester	Entladungsmesser *m*
discharge through a valve	durch ein Ventil pressen *n*
discharge unit	Ausschleuseinheit *f*
disconnect	abkoppeln, abschalten, trennen
disconnect an engine	einen Motor abschließen *m*
discontinuation	Abbruch *m*
disengage	auskuppeln, ausrasten, ausrücken, unterbrechen
disengage PTO	Abtriebskraft trennen *f*
dished	gewölbt nach innen
dismantle	zerlegen
dismantling	Ausbau *m*, Demontage *f*

dispensing hose	Verteilerleitung *f*
dispensing nozzle	Verteilerdüse *f*, Zapfhahn *m*
displace	versetzen
displacement	Hubvolumen *n*
displacement-type pump	Verdrängerpumpe *f*
display	anzeigen; Anzeige *f*
display a test result	Messergebnis anzeigen *n*
display controls	Anzeigeinstrumente *n pl*
display information	Information anzeigen *f*
display of stored data	Anzeige gespeicherter Daten *f*
display system variables	Systemvariable anzeigen *f pl*
displayed pressure reading	Druckanzeige *f*
disrupted delivery schedule	verzögerte Lieferzeit *f*
dissipation of energy	Energieverlust *m*
distance	Abstand *m*
distorted cylinder	verworfener Zylinder *m*
distortion	Verbiegung, Verzeichnung *f*
distributor	Brücke mit Messpunkten *f*, Verteiler *m*
distributor faults	Verteilerfehler *m*
distributor points *(ignition distributor)*	Unterbrecher *m*
distributor pump (compact) numeric (DPCN)	numerisch gesteuerte Verteilerpumpe *f*
distributorless ignition system (DIS)	verteilerloses Zündsystem *n*
divided storage tray	geteilte Ablage *f*
do not correspond to the habitual instability detection pattern	Abweichung vom normalen Verhaltensmuster *f*
docking system	Andock- / Anschlusssystem *n*
dolly	Gegenhalter *m*
dome-head screw	Hutschraube *f*
domed nut	Hutmutter *f*
DONGLE *(data protection key)*	Datenschutzschlüssel *m*
door remote control	Fernbedienung einer Tür *f*
double-angle valve type	Doppelwinkelventil *n*
dowel	Stift *m*
dowel pin	Pass- / Zentrierstift *m*
downshift sequence	Herunterschalten von Gängen *n*
downstream	nachgeschaltet
downtime	Stillstandszeit *f*
downwards	nach unten
drag efficiency / power	Schleppleistung *f*
drag torque *(transmission)*	Schleppmoment *n*
drag torque control *(engine)*	Motorschleppmomentregelung (MSR) *f*
drag torque test	Ermittlung des Schleppmoments, Schleppmoment-Prüfung *f*
dragging	Bremsschleifen *n*
drain	Ablass *m*
drain pipe	Ablassstutzen *m*

drain plug	Ablassschraube *f*
drain pump	Saugpumpe *f*
drain seal plug	Ablassschraubendichtung *f*
drain valve	Ablassventil *n*
drain, disconnect and exit an engine	Motor entleeren, abschließen und ausschleusen *m*
draining	Entsorgung *f*
draining back	Rückentleerung *f*
draining nozzle	Absaugstutzen *m*
draining port	Absaugöffnung *f*
draining rate	Absaugleistung *f*
draw fuel into the bulb	Kraftstoff in den Balg *(der Pumpe)* ziehen *m*
draw out *(a switching element)*	ausfahren
drawing so. quoted to	Zeichnung als Grundlage für ein Angebot *f*
dress *(a test piece)*	aufrüsten
dress adapter	Rüstadapter / -stopfen *m*
dress item	Rüstteil *n*
dress station	Rüstplatz *m*
drifting	Messdrift *f*
dripchart	Grafikformat *n*
drive belt deflection	Deflektion / Durchbiegung des Antriebsriemens *f*
drive coupling	Antriebskupplung *f*
drive current	Ansteuerungsstrom *m*
drive dog	Mitnehmer *m*
drive end	Antriebsseite *f*
drive end float	antriebsseitig angebrachter Schwimmer *m*
drive housing	Antriebsgehäuse *n*
drive hub	Antriebsnabe *f*
drive motor	Antriebsmotor *m*
drive plate	Kupplungsscheibe, Mitnehmerscheibe *f*
drive shaft *(engine)*	Antriebswelle *f*
drive shaft key	Antriebswellenbolzen *m*
drive shaft nut	Antriebswellenmutter *f*
drive shaft radial play	Radialspiel der Antriebswelle *n*
drive shaft seal	Antriebswellendichtung *f*
drive shaft spigot	Antriebswellenstumpf *m*
drive speed	Umdrehungsgeschwindigkeit *f*
drive train	Antriebsstrang *m*
drive unit	Antriebseinheit *f*
drive wheel is slipping	Rutschen eines Antriebsrades *n*
drive wheel is spinning	Durchdrehen eines Antriebsrades *n*
drive-by-wire	Fahren via Datenleitung *n*, Lenken, Bremsen, Gas geben per Side-Stick *n*
driveability	Fahrverhalten / -vermögen *n*
driveline	Antriebsstrang *m*
driverless vehicle *.(conveyor system).*	ferngesteuertes Transportsystem (FTS) *n*

driving comfort	Fahrverhalten *n*
driving convenience	Fahrkomfort *m*
driving station	Schleppstation *f*
drop *(temperature, voltage)*	abnehmen
drop safety device	Abfallsicherung *f*
drop-lift mechanism	Hub- und Senkvorrichtung *f*
dual-mass flywheel	Zweimassenschwungrad (ZMS) *n*
dummy engine	Motorattrappe *f*
duty	Auslastung *f*
duty cycle	Arbeitszyklus *m*
D-wax fuel heater	Dieselvorwärmer *m*
dwell angle	Schließwinkel *m*
dying out of oscillation	abklingen
dynamic advance	dynamische Vorzündung *f*
dynamic drive function	Funktion, die Neigung des Fahrzeugs und elektronische Lenkung kontrolliert *f*
dynamic oil pressure	dynamischer Öldruck *m*
dynamic stability control (DSC)	dynamische Stabilitätskontrolle *f*, dynamisches Stabilitätsprogramm *n*, Fahrdynamikregelung *f*
dynamic timing	dynamische Verstellung *f*
dynamic timing adjustment	Einstellen der dynamischen Verstellung *n*
dynamometer	Leistungsmesser *m*

E

earth	Masse *f*
earth-to-vehicle-body terminal / connector	Erdungsanschluss am Fahrzeugaufbau *m*
easily replaceable	leicht wechselbar
easy shifting	leichtes Schalten *n*
easy to bed	einfach einzupassen
easy vent kit	einfaches Entlüftungsaggregat *n*
eccentric liner	exzentrische Buchse *f*
edge	bördeln
edge protection	Kantenschutz *m*
edge stress	Ringspannung *f*
edit a test plan	Prüfplan bearbeiten *m*
edited data	aufbereitete Daten *pl*
effect of impact	Schlagbeanspruchung *f*
effective	zuverlässig
effective area of an orifice	Querschnitt einer Öffnung *m*
effective range	Messbereich *m*
effective stroke	Nutzhub *m*
effectiveness of fuel filters	Wirksamkeit von Kraftstofffiltern *f*
efficiency	Leistung (Wirkungsgrad) *f*, innerer Verfügungsgrad *m*
efficiency figure	Verfügbarkeit *f*
EGR instruction signal	EGR Ansteuerungssignal *n*
EGR orifice	Anschluss Abgasrückführung *m*
EGR solenoid	EGR Ventil *n*, Vakuumsteuereinheit *f*
EGR solenoid valve	EGR Magnetventil *n*
EGR valve	Abgasrückführventil *n*
ejector	Ausstoßer / -werfer *m*
elbow connector	Winkel-Schnellverschraubung *f*
electric power steering (EPS)	elektrische Servolenkung *f*
electrical circuit	Stromkreis *m*
electrical connection	elektrischer Anschluss *m*
electrical connection box	Anschluss- / Klemmdose *f*
electrical connector pin	elektrischer Kontaktstift *m*
electrical enclosure	Schaltschrank *m*
electrical hoists	Elektrozüge *m pl*
electrical power cord	elektrisches Anschlusskabel *n*
electrical power source	Stromversorgung *f*
electrical schematic	Elektroschaltplan *m*
electrical spark	Funke, elektrischer *m*
electrical test	Überprüfung der Elektrik *f*
electrically erasable programmable read-only memory (EEPROM)	elektrisch löschbarer und programmierbarer Festspeicher (EEPROM) *m*
electrode gap	Elektrodenabstand *m*

electrode short-circuit	kurzgeschlossene Elektrode *f*
electromagnetic compatibility (EMC)	elektromagnetische Verträglichkeit (EMV) *f*
electromagnetic force (EMF)	elektromagnetische Kraft (EMK) *f*
electronic circuit	elektronische Schaltung *f*
electronic control	elektronische Steuerung *f*
electronic control of advance	elektronische Spritzverstellung *f*
electronic control unit (ECU)	elektronisches Steuergerät *n*
electronic diesel control (EDC)	elektronische Dieselregelung *f*
electronic engine control / management	elektronische Motorsteuerung (EMS) *f*
electronic fuel injection pump	elektronische Kraftstoffeinspritzpumpe *f*
electronic shut-off solenoid (ESOS)	Magnetabschaltventil *n*
electronic spark advance	elektronische Zündung (EZ) *f*
electronic spark control (ESC) module	elektronisches Zündmodul *n*
electronic test kit (ETK)	elektronisches Prüfgerät *n*
electronic traction control (ETC)	Anfahrschlupfregelung (ASR) *f*, elektronisches Stabilitätsprogramm (ESP) *n*, elektronisch geregelte Traktionskontrolle *f*
electronic transmission control	elektronische Getriebesteuerung *f*
electronic unit	Elektronikeinheit *f*, Elektronikelement *n*
electronically controlled	elektronisch geregelt / gesteuert
electronically controlled injection pump	elektronisch gesteuerte Einspritzpumpe *f*
electronically controlled stability programm	elektronisches Stabilitätsprogramm (ESP) *n*
electronically operated	elektronisch gesteuert
elevating platform	Hebebühne *f*, Hubtisch *m*
elongated hole	Langloch *n*
elongated projection	Langbuckel *m*
emergency calibration value	Kalibrierwert unter Notbetriebsbedingungen *m*
emergency mode / strategy	Notbetrieb *m*
emergency-off switch	Not-Aus-Schalter *m*
emission control	Abgasreinigung *f*
emission control regulations	Abgasvorschriften *f pl*
emission laws	Abgasbestimmungen *f pl*
emission management system	Emissionsmanagement *n*
emission specifications	Abgaswerte *m pl*
empty an oil pan	Ölwanne aussaugen / entleeren *f*
enable valve	Zuschaltventil *n*
enabling signal	Betriebsbereitschaftssignal *n*
enclosure	Einbaugehäuse, Gehäuse *n*
encoder	Inkrementgeber *m*
end cap	Abschlussdeckel *m*
end face	Stirnseite *f*
end filter	Hauptfilter *m*
end fitting	Adapter *m*, Endstück *n*
end float / play	Axialpendeln- / spiel *n*
end load	Axialbelastung *f*
end plate	Endplatte *f*

end stop	Hauptanschlag *m*
end-of-line test (EOL)	Endfunktionstest *m*
endurance characteristic	Langzeitverhalten *n*
endurance test	Dauerlaufprüfung *f*
energize a relay	Relais ansteuern *n*
energy chain arrangement	Rollvorrichtung für Verkabelung *f*
energy conversion	Energieumwandlung *f*
energy management system	Energiemanagement *n*
energy storage	Energiespeicherung *f*
engage	an- / einkuppeln, betätigen, einrasten, zuschalten
engage a mode	Betriebsart zuschalten, Funktion auslösen *f*
engage PTO	Abtriebskraft zuführen *f*
engaged transmission	eingekuppeltes Getriebe *n*
engine 'judder'	Vibrieren des Motors *n*
engine (wiring) harness	Motorhauptkabelsatz / -hauptleitungssatz *m*
engine actuator	Motoraktor *m*
engine adjustments	Stelleingriffe am Motor *m pl*
engine and cylinder head assembly	Motor- und Zylinderkopfmontage *f*
engine arrives at the leak test station	Motor wird in die Leckteststation geschleust *m*
engine assembly	Komplettmotor *m*, Motormontage *f*
engine at rest	stationärer Motor *m*
engine back-plate / bracket	Motorhalterung *f*
engine becomes self-sustaining	Motor erreicht die Selbstlaufdrehzahl *m*
engine central plug	Motorzentralstecker *m*
engine component	Motorteil *n*
engine control unit (ECU)	Motorsteuergerät *n*
engine conveyor system	Motorentransportsystem *n*
engine coolant	Motorkühlmittel *n*
engine cooling fan	Motorlüfter *m*
engine designer	Konstrukteur eines Motors *m*
engine flange	Motorflansch *m*
engine identification code	Motorkennzeichnung *f*
engine is difficult to start	Motor startet schlecht, schwieriger Motorstart *m*
engine is inherently quieter and smoother	Motor verfügt über eine größere Laufruhe *m*
engine is stationary	bei stationärem Motor *m*
engine is under load	unter Motorlast *f*
engine line	Fertigungslinie für Motoren *f*
engine management system (EMS)	Motormanagement *n*, Motorsteuerung *f*
engine mapping	Kenntnisse über Motoren erwerben *f pl*
engine marriage station	Getriebeanbau am Motor *m*, Motor-Getriebeadaptierung, Station, an der das Getriebe am Motor angebracht wird *f*
engine mounting	Motoraufhängung *f*
engine mounting bracket	Motoraufspannung *f*, Motorträger *m*

engine noise	Motorgeräusch *n*
engine operating conditions	Betriebsbedingungen eines Motors *f pl*
engine operation fault	Motorlaufbeanstandung *f*
engine performance	Betriebsverhalten des Motors *n*
engine performance / power	Motorleistung *f*
engine refuses to start	Motor startet nicht *m*
engine run-on	Nachdieseln, -laufen *n*
engine runaway	Durchgehen des Motors *n*
engine running (status)	Motorlauf *m*
engine running state	Phase „Motor läuft" *f*
engine sensor	Motorsensor *m*
engine size / specifications	Motordaten *pl*
engine speed reading	Drehzahlwert *m*
engine stabilizer probe	Motorkonterstütze *f*
engine starts from cold	Kaltstart *m*
engine starts to turn	Motorumdrehung beginnt *f*
engine status	Motorzustand *m*
engine stop	Motorstopp *m*
engine stud	Motormarkierung *f*
engine temperature	Motortemperatur *f*
engine tickover	Motor ist *(zu diesem Zeitpunkt)* ausgekuppelt *m*
engine timing	Motorsteuerung *f*
engine timing diagnosis connection	Prüfanschluss Zündung *m*
engine timing gear train	Antriebsstrang des Motors *m*
engine tracking code	Motordaten *pl*
engine under test	zu prüfender Motor, Motorprüfling *m*
engine variants	Motorvarianten *f pl*
engine-pallet lifting mechanism	Hubvorrichtung für Motorpaletten *f*
engine-specific test program	motorspezifisches Prüfprogramm *n*
engine-to-pump synchronisation	Synchronisation Motor-Pumpe *f*
engineering application(s)	Einsatz in Forschung und Entwicklung *m*
engineering drawing	Ausführungs- / Konstruktionszeichnung *f*
engineering number	Fertigungsnummer *f*
engineering staff	technisches Personal *n*
engineering unit	technische Einheit *f*
ensure	sichern
ensure satisfactory performance	Funktionstüchtigkeit sichern *f*
ensure test conditions	Prüfbedingungen gewährleisten *f pl*
enter a mode	Betriebsart / Funktion eingeben *f*
enter a program	Programm eingeben *n*
entry-level model	Einsteigermodell *n*
equalization charge	Ausgleichsladung *f*
equalize each injection cycle	Einspritzvorgänge identisch gestalten *m pl*
equipment	Ausrüstung *f*, Gerät *n*
equipment station panel	Einheitenbedienfeld (EBF) *n*
equipment under test	zu prüfende Ausrüstung *f*

erosion of the nozzle seat	Abbrennen des Ventilsitzes *n*
erratic	ungleichmäßig
erratic behaviour of the vehicle	fehlerhaftes Fahrzeugverhalten *n*
erratic operation	Fehlfunktion *f*
error	Fehler *m*
error cables	Fehlerleitungen *f pl*
error correction system	Fehlerkorrektursystem *n*
error counter	Fehlerzähler *m*
error display	Fehleranzeige *f*
error frequency	Fehlerhäufigkeit *f*
error memory	Fehlerspeicher *m*
error message	Störungsmeldung *f*
error probability	Fehlerwahrscheinlichkeit *f*
escape(ment) *(conveyor system)*	Auslass *m*
establish pressure	Druck bestimmen *m*
European Machinery Safety Directive	Europäische Direktive für die Sicherheit von Maschinen und Ausrüstungen *f*
evaluation electronics	Auswerteelektronik *f*
evaluation program	Auswerteprogramm *n*
even heat input	gleichmäßige Wärmezufuhr *f*
exact	genau
examine for	(über)prüfen auf
exceed a threshold (limit)	Schwellenwert überschreiten *m*
excellent fuel economy	minimaler Kraftstoffverbrauch *m*
excess fuel	Kraftstoffmehrmenge *f*
excess fuel carriage assembly	Startmehrmengenschlitten *m*
excess fuel delivery	Startmehrmenge *f*
excess fuel delivery control by ramps	Steuerung der Startmehrmenge durch Rampen *f*
excess fuel delivery control by slots	Steuerung der Startmehrmenge durch Schlitze *f*
excess fuel delivery system	Startmehrmengensystem *n*
excess fuel differential valve	Startmehrmengen-Differenzdruckventil *n*
excess fuel disengaged	Startmehrmenge unterbrochen *f*
excess fuel engaged	Startmehrmenge zugeschaltet *f*
excessive fuel consumption	übermäßiger Kraftstoffverbrauch *m*
excessive pressure	Überdruck *m*
excessive starter motor wear	übermäßiger Verschleiß des Anlassers *m*
exchange engine	Tauschmotor *m*
exhaust aftertreatment system	Abgasnachbehandlungssystem *n*, / -reinigung *f*, Schadstoffreduzierung *f*
exhaust brake lever	Motorbremshebel *m*
exhaust downpipe	Hosenrohr *n*
exhaust emission	Schadstoffemission *f*
exhaust fume extraction	Abgasabzug *m*
exhaust gas back pressure	Abgasgegendruck *m*
exhaust gas emission levels	Abgasemissionswerte *m pl*

exhaust gas recirculation (EGR)	Abgasrückführung (AGR) *f*
exhaust gas recirculation control	Steuerung der Abgasrückführung *f*
exhaust gas / emission	Abgas *n*
exhaust manifold	Auslass- / Auspuffkrümmer *m*
exhaust outlet temperature	Abgastemperatur *f*
exhaust pipe	Auspuffrohr *n*
exhaust pressure	Abgasdruck *m*
exhaust sensor	Auslassdruckfühler *m*
exhaust stroke	Auslasstakt *m*
exhaust-gas emission test	Abgassonderuntersuchung (ASU) *f*
exhaust-gas limit	Abgasgrenzwert *m*
exhauster	Sauggebläse *n*
existing drawings	Bestandsunterlagen *f pl*
expandable	erweiter- / nachrüstbar
expandable interface	erweiterbare Schnittstelle *f*
expansion plug	Dehndorn *m*
expansion valve	Expansionsventil *n*
exploded view drawing (EVD)	Darstellung in auseinander gezogener Anordnung *f*
exploit capabilities	Möglichkeiten nutzen *f pl*
explosion relief valve	Druckreduzierklappe *f*
extend (a piston rod)	ausfahren
extension bolt / stud	Verlängerungsbolzen *m*
external features	Außenteile *n pl*
external filter	Außenfilter *m*
external rack	separates Gestell *n*
external thread	Außengewinde *n*
external voltage (VEXT)	Fremdspannung, unerwünschte Spannung *f*
extra equipment	zusätzliche Teile *n pl*
extract a file	Datei entpacken *f*
extraction	Entsorgung *f*
extraction nozzle	Absaugstutzen *m*
extraction rate	Absaugleistung *f*
extractor tool	Auszieher *m*
extremely precise control	hochgenaue Regelung *f*
eye bolt	Ringbolzen *m*

F

face downwards	nach unten zeigen
face in the correct direction	in die korrekte Richtung zeigen *f*
face seal	Stirnfläche des Filterkopfes *f*
face sealing fitting	Flachringdichtung *f*
face upwards	nach oben zeigen
facilitate starting	Start erleichtern *m*
facility description	Anlagenbezeichnung *f*
factory assembly	werkseitig montiertes Teil *n*
factory-sealed	fabrikfertig, werkseitig verplombt
fade *(brake)*	Bremsfading *n*
fail *(status after test)*	NIO-Status *m*
fail a test	Prüfung nicht erfolgreich durchlaufen *f*
fail-safe	ausfall- / funktionssicher
fail-safe tooling	betriebssichere Spannvorrichtung *f*
fail-to-safe brake	betriebssichere Bremse *f*
failure mode	Fehlerart *f*
failure modes and effects analysis (FMEA)	Fehlermöglichkeits- und Einflussanalyse (FMEA) *f*
fairly even	relativ gleichmäßig
fall (off) *(temperature, voltage)*	abnehmen
fall below *(limit)*	unterschreiten
fall out of limits	außerhalb der Grenzwerte liegen *m pl*
family saloon	„Familienkutsche" *f*
fast charge a battery	Batterie schnell laden *f*
fast idle / idling	erhöhter Leerlauf *m*, Leerlaufüberhöhung *f*
fast-idling solenoid valve	Magnetventil erhöhter Leerlauf *n*
fastening	Befestigung *f*
fatal results	schwerwiegende Folgen *f pl*
fatigue test	Dauerlaufprüfung *f*
fault	Fehler *m*
fault current	Fehlerstrom *m*
fault detection	Fehlererkennung *f*, Fehlernachweis *m*
fault detection mode	Art und Weise der Fehlererkennung *f*
fault detection system	Fehlerdiagnosesystem *n*
fault diagnosis	Fehlerdiagnose *f*
fault diagnosis capacity of a system	Möglichkeiten der Fehlerdiagnose eines Systems *f pl*
fault diagnosis chart	Diagnoseplan *m*
fault disappears	nicht mehr vorhandener Fehler *m*
fault finding	Fehlerbestimmung *f*
fault localization	Fehlersuche *f*
fault presence time	Dauer einer Störung, Fehlerdauer, Störungsdauer eines Fehlers *f*

fault with the pump	Fehler an der Pumpe *m*
fault-finding procedure / sequence	Fehlersuche *f*
fault-finding sequence on the vehicle equipment	Fehlersuche am Fahrzeug *f*
faults persist	Fehler liegen weiterhin an / sind noch vorhanden *m pl*
faulty	fehlerhaft
faulty design	Fehlkonstruktion *f*
faulty firing sequence	falsche Zündfolge *f*
faulty ignition coil	fehlerhafte Zündspule *f*
faulty parameter	fehlerhafter Parameter *m*
faulty spark plug	fehlerhafte Zündkerze *f*
feed bore *(of a cylinder)*	Nachlaufbohrung *f*
feed drive	Nebenantrieb *m*
feed hole	Düsenloch *n*
feed line / pipe	Versorgungsleitung *f*, Zulaufrohr *n*
feed port *(of a cylinder)*	Nachlaufbohrung *f*
feed pressure	Förder- / Zulaufdruck *m*
feed pump	Förder- / Kraftstoffpumpe *f*
feed table	Vorschubtisch *m*
feed valve	Füllventil *n*
feedback	Rückkopplung- / meldung *f*
feeder	Vorschubeinrichtung *f*
feeding *(component)*	Zuführung *f*
feeding height	Einlegehöhe *f*
feeler gauge	Dicktenlehre *f*
female connector	Federleiste *f*
ferrit-core coil	Spule mit Ferritkern *f*
fibre optic lighting	Faseroptik-Beleuchtung *f*
file a test result	Mess- / Prüfergebnis speichern *n*
fill(ing) port	Füllöffnung *f*
filler cap	Einfüll- / Tankdeckel *m*
filler cap hole	Füllstutzenöffnung *f*
filler cap / neck	Einfüll- / Füllstutzen *m*
filling cycle	Füllvorgang *m*
filling pressure	Fülldruck *m*
filling unit *(for leak test)*	Fluteinrichtung *f*
filter base	Filterbett *n*
filter bleed	Filterentlüftung *f*
filter change	Filterwechsel *m*
filter change period	Filterwechselintervall *n*
filter element	Filtereinsatz *m*
filter flow type head	Filterkopf mit Filterdurchfluss *m*
filter holder	Filterhalter *m*
filter port	Filteranschluss *m*
filter screen	Filtersieb *n*
filter silencer	Filter-Filzscheibe *f*

filter unit	Filtereinsatz *m*
filter-regulator-lubricator (FRL)	Wartungseinheit *f*
filtration	Filterung *f*
final (dress) assembly	Fertigmontage *f*
final assembly area	Fertigmontagebereich *m*
final design phase / stage	endgültige Projektierungsphase *f*
final dress	Endmontage *f*
final dress assembly *(engine)*	Rüstzustand *m*
final dress state	Ablieferzustand *m*
final element design	endgültige Auslegung von Teilen *f*
final filter	Endfilter *m*
final product	Fertigteil *n*
fine gauze	Feinfilter *m*
fine tune a programm to an application	Programm auf einen Anwendungsbereich abstimmen *n*
fine tuning	Feineinstellung *f*
fine-reading pointer	Feinanzeige *f*
finely mated	fein abgestimmt
finishing section	Endmontagebereich *m*
fire face	Zündseite *f*
fire prevention, health and safety regulations	Arbeits-, Gesundheits- und Brandschutz-bestimmungen *f pl*
fire-retardent material	schwer entflammbares Material *n*
firing order / sequence	Zündfolge *f*
fit adjacent to one another	nebeneinander anbringen
fit tightly	spielfrei eingepasst
fit to	anbringen / anpassen an
fitment and choice of the feed pump	Art und Anordnung der Kraftstoffpumpe *f*
fitting holes	Passbohrungen *f pl*
fitting kit	Montagesatz *m*
fitting position	Einbaulage *f*
fitting surface	Passfläche *f*
five-speed gearbox / transmission	Fünfgang-Getriebe *n*
five-speed tiptronic	Fünfgang-Tiptroni *(kurzes Antippen des Wählhebels) f*
fixed point of a scale	Festpunkt einer Instrumentenskala *m*
fixed stop absorption	Anschlagdämpfung *f*
fixed value	Prüf- / Standardwert *m*
fixing bolt / stud	Befestigungsbolzen *m*
fixing nut	Befestigungsmutter *f*
fixing port	Befestigungsausgang *m*
fixing screw	Befestigungsschraube *f*
fixture *(pallet)*	Aufnahme, Befestigung *f*
flame face	Zylinderkopffläche *f*
flame face seal	Abdichtung auf der Zylinderkopffläche *f*
flamestart system	Flammstartanlage *f*
flammable vapour	brennbarer Dampf *m*

flange	anflanschen, bördeln; Flansch *m*
flange-mounted to	angeflanscht, flanschbefestigt
flange-mounting	Flanschbefestigung *f*
flap valve	Klappenventil *n*
flat	flach; Abflachung *f*
flat gasket	Flachdichtung *f*
flat-bladed screwdriver	Schraubendreher mit flacher Klinge *m*
flick back *(needle)*	zurückschnippen
floating	schwimmend gelagert
floating car data (FCC)	Flotte im Verkehr rollender Fahrzeuge, die ihre Bewegungsdaten ständig an eine Zentrale melden *f*
floating contact	potentialfreier Kontakt *m*
floating drive	schwimmend gelagerter Antrieb *m*
floating height *(piston)*	Schwebehöhe *f*
floating hub type drive	schwimmend gelagerter Nabenantrieb *m*
floating nozzle pair	schwimmend gelagerter Messaufnehmer *m*
floor plan	Grundriss *m*, Raumaufteilung *f*
floor plan layout	Grundriss-Layout *n*
floor to floor time	Gesamttaktzeit *f*
flow actually measured	Istwert Durchflussmenge *m*
flow assembly	Fließmontage *f*
flow chart	Ablaufdiagramm *n*
flow indicator / monitoring device	Strömungswächter *m*
flow measurement / metering	Durchflussmessung *f*
flow meter	Durchflussmessgerät *n*
flow required	Sollwert Durchflussmenge *m*
flow restriction in the air supply	Beschränkung des Luftstroms *f*
flow-through cooling system	Durchflusskühlsystem *n*
flow-through station	Durchflussanlage *f*
fluid reservoir	Flüssigkeits- / Nachlaufbehälter *m*
fluid system	Hydrauliksystem *n*
flush-mounted	bündig abschließend
flywheel ring gear	Zahnkranz des Schwungrades *m*
foot switch	Fußschalter *m*
footbrake pedal	Pedal der Fußbremse *n*
force apart	auseinanderdrücken
force motor actuator	Elektromotorstellantrieb *m*
forced closed	zwangsgeschlossen
forced feed	Druckumlauf *m*
forewarn product	Warnanlage *f*
fork of the anchor plate	offene Fixierung der Ankerplatte *f*
form a 'mated' assembly	Einheit bilden *f*
forward accumulator	Vorschubspeicher *m*
forward detection sensor	Frontalaufprallsensor *m*
fouling of the exhaust	Krümmerverschmutzung *f*
four wheel drive (4WD)	Allradantrieb *m*

four-stroke engine	Viertaktmotor *m*
frame	Bock, Rahmen *m*
fraying	Abnutzung *f*
free pedal travel	Pedalspiel *n*
free roller conveyor	Schwerkraftförderer *m*
freeness of movement	Freigängigkeit *f*
fresh oil supply	Frischölversorgung *f*
fresh-air blower	Quelllüftung *f*
friction roller conveyor	Staurollenförderer *m*
friction stop release mechanism	Reibbelag-Halteeinrichtung *m*
frictional connection	Kraftschluss *m*
from centre of the pedal to the carpet	von der Oberkante Fußpedal auf Innenverkleidung *f*
front	Vorderseite *f*
front brake disc	Vorderradbremsscheibe *f*
front cover	Stirndeckel *m*
front housing	Frontgehäuse *n*
front panel	Frontplatte *f*
front shell	Gehäuseboden *m*
front steering	Vorderradlenkung *f*
front support *(transmission)*	Getriebeglocke *f*
fuel back-leakage / return	Kraftstoffrücklauf *m*
fuel conditioning equipment	Kraftstoffaufbereitungsanlage *f*, Kraftstoffkomponenten *f pl*
fuel consumption / economy	Kraftstoffverbrauch *m*
fuel delivery	Einspritzmenge, Kraftstoffförderung / -menge *f*
fuel delivery control / instruction	Kraftstoffmengenregelung *f*
fuel delivery line	Kraftstoffzulaufleitung *f*
fuel delivery port	Verteilerbohrung *f*
fuel delivery setting	Einstellen der Einspritzmenge *n*
fuel feed	Kraftstoffzufuhr *f*
fuel feed pipe	Kraftstoffzufuhrleitung *f*
fuel filter	Kraftstofffilter *m*
fuel flow	Kraftstoffdurchfluss *m*
fuel flow sensor	Kraftstoffdurchflussgeber *m*
fuel gallery	Kraftstoffverteilung *f*
fuel grade *(quality)*	Kraftstoffart / -qualität *f*
fuel heater	Kraftstoffvorwärmer *m*
fuel injection equipment (FIE)	Einspritzanlage / -ausrüstung, Kraftstoffeinspritzanlage *f*
fuel injection pump timing	Einstellung der Kraftstoffeinspritzpumpe *f*
fuel injection test	Gemischbildnertest *m*
fuel injection timing	Einspritzzeitpunkt *m*
fuel inlet line	Kraftstoffeinlassleitung *f*
fuel inlet tube	Kraftstoffeinlassstutzen *m*
fuel level in the tank	Tankniveau *n*
fuel line	Kraftstoff(zulauf)leitung *f*

fuel measuring / metering system	Kraftstoffmesssystem *n*
fuel metering port	Steuerschlitz *m*
fuel oil	Dieselkraftstoff *m*
fuel outlet line	Kraftstoffauslassleitung *f*
fuel output	Kraftstoffabgabe *f*
fuel passage	Kraftstoffdurchlass / -kanal *m*
fuel pipe valve	Leitungsventil *n*
fuel pressure regulator	Kraftstoffdruckregler *m*
fuel pump	Kraftstoffpumpe *f*
fuel pump test	Einspritzpumpentest *m*
fuel quality *(grade)*	Kraftstoffart / -qualität *f*
fuel rail	Kraftstoffsammelleitung *f*, Kraftstoffverteiler *m*, Kraftstoffverteilerrohr *n*
fuel rail line	Kraftstoffverteilerleitung *f*
fuel recirculated to the tank	Kraftstoffrückführung zum Tank *f*
fuel return pipe	Kraftstoffrücklaufleitung *f*
fuel spillage	Kraftstoffüberlauf *m*
fuel splashback	Kraftstoff schlägt zurück *m*
fuel spray	Kraftstoffstrahl *m*
fuel starvation	minimale Kraftstoffmenge *f*
fuel storage	Kraftstofflagerung *f*
fuel stratified injection (FSI)	„geschichtete" Benzineinspritzung *f*
fuel supply system	Kraftstoffanlage *f*
fuel trap	Kraftstoffabscheider *m*
fuel-air mixture	Kraftstoff-Luft-Gemisch *n*
fuel-feed pressure	Druck in der Kraftstoffleitung *m*
fuelling	Betanken *n*, Kraftstoffübernahme / -zuführung *f*
full bridge circuit	Vollbrückenschaltung *f*
full dismantling	komplette Zerlegung *f*
full reporting capabilities	vollständige Anzeige- / Meldemöglichkeiten *f pl*
full retard position	Position maximale Zündspätverstellung *f*
full scale design	Konstruktion der Gesamtanlage *f*
full throttle	Vollgas *n*
full-lift position	volle Hubhöhe *f*
full-load acceleration	Beschleunigung unter Volllast *f*
full-load delivery	Einspritz- / Fördermenge unter Volllast *f*
full-throttle operation	Vollgasbetrieb *m*
fully assembled	komplett montiert, nicht zerlegt
fully atomized spray	völlig zerstäubter Spritzstrahl *m*
fully loaded dynamometer test	Leistungsprüfung unter Volllast *f*
fully serviceable	reparierbar
fully-charged battery	voll geladene Batterie *f*
function overcheck / test	Funktionsprüfung *f*
functions designed to make driving the vehicle more agreeable	Fahrkomfortfunktionen *f p*

G

gain *(of a value)*	Anstieg *m*, Verstärkung, Zunahme *f*
gaiter *(joint)*	Manschette *f*
gas leak	Gasaustritt *m*
gasket	Dichtung *f*
gasket face	Dichtungsfläche *f*
gasoline direct injection (GDI)	Benzindirekteinspritzung *f*
gassing	Gasungsrate *(Batterie) f*
gauge	Messinstrument *n*
gauge adapter	Messadapter *m*
gauge adjustment	Stichmaßanpassung *f*
gauge bar	Messwelle *f*
gauge mounting block	Messblock *m*
gauge ring	Passschraube *f*
gauge rod	Messdorn *m*
gauging station *(AE)*	Messstation *f*
gauze filter	Gazefilter *m*
gauze screen	Gazesieb *n*
gear engagement	Einlegen des Ganges *n*
gear face	Schaltfläche eines Getriebes *f*
gear gate cover	Schaltkulissendeckel *m*
gear lever gaiter	Schalthebel-Faltenbalg *m*
gear linkage	Schaltgestänge *n*
gear rack	Getriebegestell *n*
gear rattle	Getrieberasseln *n*
gear reduced starter motor	Anlasser mit Vorgelege *m*
gear selector is in neutral	Leerlauf ist eingelegt *m*
gear selector lever	Wählhebel *m*
gear shifting gate	Schaltkulisse *f*
gear train	Triebwerk-Zahnräder *n pl*
gearbox	Getriebe *n*, Getriebeglocke *f*
(gearbox) idle rattle	Rasseln im Leerlauf *n*
gearbox will not pull down square	Getriebeglocke wird nicht rechtwinklig zum Motor befestigt *(d. h, die Mittellinien von Motor und Getriebe fluchten nicht) f*
gearshift lever	Schalthebel *m*
gearshift pattern	Ganganordnung *f*
general arrangement	Maßblatt *n*
general assembly fault	allgemeiner Montagefehler *m*
general purpose flap	Allzweckklappe *f*
general system parameter	allgemeiner Systemparameter *m*
general technical data	allgemeine technische Daten *pl*
general type approval number	allgemeine Betriebs-Erlaubnis-Nummer (ABE) *f*

generate a test plan	Prüfplan erstellen *m*
genuine fault code	echter Fehlercode *m*
given programmed threshold	vorgegebener Schwellenwert *m*
gland nut	Dichtungsmuffe *f*
global positioning system (GPS)	Satellitennavigation *f*
glow plug	Glühstift *m*
go through cycles	Zyklen durchlaufen *m pl*
go through several stop-start-cycles	mehrere Stopp-Start-Zyklen durchführen *m pl*
good engines	IO-Motoren *m pl*
governor control	Reglersteuerung *f*
governor control plate	Reglerplatte *f*
governor cover	Reglerdeckel *m*
governor linkage	Reglergestänge *n*
governor main spring	Reglerzugfeder *f*
governor thrust washer	Regleranschlagscheibe *f*
governor weight	Reglergewicht *n*
governor weight cage	Reglergewichtskäfig *m*
grade	Güteklasse *f*
grade of fuel	Kraftstoffart / -qualität *f*
gradual fuel starvation	allmählich geringer werdende Kraftstoffmenge *f*
graphical process animation	grafische Prozessanimation *f*
gravity feed system	Fallkraftstoffanlage *f*
gravity suction feed system	Gefälleförderung *f*
gravity vent valve	Fallkraftstoff-Entlüftungsventil *n*
grease retainer	Fett-Dichtring *m*
greasing spline	Schmiernut *f*
great variety of engine variants	Modellvielfalt *f*
green engine	funktionstüchtiger / lauffähiger Motor *m*
grey level image	Graustufen *f pl*
grip head	Greifkopf *m*
gripper	Greifer *m*
gripper with stock equipment	Greifer mit Lagerhaltung *m*
grommet	Behälterfixier- / Formgummidichtung *f*
groove *(recess)*	Nut *f*
gross fault	grober Fehler *m*
ground connection	Masseanschluss *m*
ground pressure	Bodenbelastung *f*
grounded	an Masse angeschlossen *f*
group of signals	Signalbündel *n*
grub screw	Feststellschraube *f*
guarantee, guard	sichern
guarding	Sicherheitszaun *m*
guide	Führung *f*
guide bush	Führungsring *m*
guide dowel / pin	Führungshülse *f*, Führungsstift *m*
guide roller	Laufrad *n*

guide rollers	Rollenführung *f*
guide sleeve	Gehäusehülse *f*
guide tube	Führungsstift *m*
guide unit	Aufspannplatte mit Führungseinheit *f*
guide washer	Anschlagring *m*
gumming-up	Abreibung *f*
gusset plate *(conveyor system)*	Knotenelement *n*

H

half shaft	Halbachse *f*
Hall-effect device	Hall-Element *n*
Hall-effect switch	Hall-Effekt-Impulsgeber *m*
hand operated	manuell betrieben
hand primer	Handpumpe *f*
hand-held digital voltmeter	Hand-Digitalvoltmeter *n*
hand-held reader	Handlesegerät *n*
hand-manipulated variable	Handstellgröße *f*
handbrake lever	Handbremshebel m
handling means	Transportvorrichtung *f*
handling system computer	Rechner für Fahrzeugverhalten *m*
hard disk	Festplatte *f*
hardened sleeve	gehärtete Buchse *f*
hardwire	fest verdrahtet
harmonics	Oberwelligkeit *f*
harness	Hauptkabelsatz, Kabelbaum, Leitungssatz *m*
have a serious effect on the operation of the system	Systembetrieb erheblich beeinträchtigen *m*
have become stuck *(injector)*	verklemmt sein
hazard flasher	Warnblinkanlage *f*
hazardous area	Ex-Schutzbereich *m*
hazardous event	Gefahr *f*
hazardous waste	Sondermüll *m*
head airbag	Kopfairbag *f*
head clearance	lichte Unterfahrhöhe *f*
head locating *(assembly)*	außen liegend
head locating fitting	Außensechskantschraube *f*
head PLC	Kopfsteuerung *f*
head-up display (HUD)	Anzeigesystem *n*
header	Oberkasten *m*
header tank	Heiztank *m*
headstock	Stirnflansch *m*
health and safety precautions	Arbeits- und Gesundheitsschutz *m*
heat dissipation	Wärmeabführung *f*
heat exchanger	Wärmetauscher *m*
heat exchanger spiral	Spirale eines Wärmetauschers *f*
heat transfer	Wärmeübertragung *f*
heat-shield washer	Wärmeschutzscheibe *f*
heat-shrink	aufgeschrumpft
heated exhaust gas oxygen sensor (HEGO)	Lambdasonde *f*
heater	Vorwärmer *m*
heating coil	Heizschlange *f*
heating connections	Heizanschlüsse *m pl*

heating effect	Wärmewirkung *f*
heavy clutch pedal	schwergängiges Pedal *n*
heavy duty (HD) suspension	verstärkte Aufhängung *f*
heavy duty vehicle	Schwerlastfahrzeug *m*
height adjuster	Höhenversteller *m*
height adjustment	Höhenverstellung *f*
held on memory	gespeichert
helical flange	Schraubenflansch *m*
help menu	Hilfssystem *n*
hexagon hole	Sechskantbohrung *f*
hexagonal end fitting	Sechskantadapter *m*
hidden antenna system	verdeckte Antennenanlage *f*
high aspect ratio tire	Reifen mit sehr hohem Längenverhältnis *m*
high bursting pressure element	Element mit hohem Berstdruck *n*
high compression swirl (HCS) engine	hochverdichteter Motor mit besonders hoher Verwirbelung *m*
high mileage vehicle	Fahrzeug mit hohem Kilometerstand *n*
high output ignition coil	Hochleistungszündspule *f*
high pedal demand switch (HPDS)	Volllast-Fahrpedalsensor *m*
high performance feed pump	Hochleistungspumpe *f*
high pressure filter	Hochdruckfilter *m*
high pressure outlet (connection)	Hochdruckanschluss / -auslass *m*
high resolution	hohe Auflösung *f*
high side of a transducer	Hochdruckseite eines Aufnehmers *f*
high-pressure feed	Hochdruckförderung *f*
high-pressure injection	Hochdruckeinspritzung *f*
high-pressure spray	Hochdruckstrahl *m*
high-speed delivery	Einspritzmenge bei Volllastdrehzahl *f*
high-speed engine	hochtouriger Motor *m*
high-spring injector	Einspritzventil mit oberer Feder *n*
high-velocity spray	starker Sprühstrahl *m*
highlight *(screen)*	hervorheben
highly inflammable	leicht brennbar
hinged cap	dreh- / schwenkbarer Deckel *m*
historical fault	historischer Fehler, Langzeitfehler *m*
history file	Protokolldatei *f*
history memory	Langzeitspeicher *m*
hoist	Hebebühne *f*
hoist with grippers	Hebegeschirr *n*
hoisting equipment	Hebegerät *n*
holding arbor	Aufnahmedorn *m*
holding clamp	Haltepratze *f*
hole	Bohrung *f*
hole centring	Bohrungszentrierung *(Bremsscheibe) f*
hollow end	Hohlseite *f*
hollow section steel	Stahl(hohl)profil *n*
hollow valve	Hohlventil *n*

homogenous charge compression ignition (HCCI)	kontrollierte Klopftechnik *f*
hook *(conveyor system)*	Bügel *m*
hook-up drawing	Montagezeichnung *f*
hooked end	Nase *f*
horn orifice	Hornbohrung *f*
hose test stand	Impulsprüfstand *m*
host computer	Leitrechner *m*
hot hatchback (vehicle)	rasanter Sportwagen *m*
hot test	Heißprüfung *f*
hot test stand	Heißprüfstand *m*
housing	Gehäuse *n*
housing recess	Gehäusemulde *f*
hub	Nabe *f*
hub retaining nut	Nabenmutter *f*
hub splines	Keilnabe *f*
hybrid braking system	Hybridbremsanlage *f*
hybrid drive	Hybridantrieb m
hydraulic brake valve	hydraulisch betätigtes Bremsventil *n*
hydraulic circuit	Hydrauliksystem *n*
hydraulic control system	Hydraulikstellantrieb *m*
hydraulic fault	hydraulischer Fehler *m*
hydraulic fluid	Hydraulikmedium *n*
hydraulic head	Hydraulikkopf *m*
hydraulic head barrel	Trommel des Hydraulikkopfes *f*
hydraulic head seating	Auflagefläche des Hydraulikkopfes *f*
hydraulic lash adjuster (HLA)	hydraulisches Ventilspiel-Ausgleichselement (HVA) *n*
hydraulic schematic	Hydraulikschaltplan *m*
hydraulic system	Hydraulikanlage *f*
hydraulic tappet	Hydraulikstößel *m*
hydraulic valve lifter (HVL)	hydraulischer Ventilstößel *m*, Ventilmitnehmer *m*
hydraulically controlled / governed pump	hydraulisch geregelte / gesteuerte Pumpe *f*
hydraulically operated	hydraulisch betätigt
hysteresis	Hysterese, Umkehrspanne *f*

I

I / O wiring	E / A-Verdrahtung *f*
identify	erkennen, kennzeichnen
idle air control valve (IACV)	Leerlaufluft-Regelventil (LLR) *n*
idle end stop	Leerlaufanschlag *m*
idle fuel	Leerlaufeinspritzmenge *f*
idle speed adjustment	Leerlaufanpassung *f*
idle speed adjustment screw	Leerlaufeinstellschraube *f*
idle trim mode	Leerlaufabgleich *m*
idle unit *(conveyor system)*	Umlenkstation, Umlenkung *f*
idling (speed) instruction / signal	Leerlaufsignal *n*
idling delivery	Leerlaufeinspritzmenge *f*
idling speed	Leerlaufdrehzahl *f*
idling speed adjustment / instruction	Leerlaufeinstellung *f*
ignite the fuel	Kraftstoff zünden *m*
ignition (switch) voltage	Zündspannung *f*
ignition advance	Zündvorverstellung *f*
ignition coil	Zündspule *f*
ignition coil pack	Zündmodul *n*
ignition duration	Zünddauer *f*
ignition key	Zündschlüssel *m*
ignition keyswitch	Zündschlüsselschalter *m*
ignition keyswitch-controlled	zündschlüsselgesteuert
ignition module	Zündsteuergerät *n*
ignition pulse	Zündimpuls *m*
ignition retard	Zündspätverstellung *f*
ignition system	Zündanlage *f*
ignition test	Zünd(system)test *m*
ignition timing	Zündzeitpunkt *m*
illogical value	abweichender Messwert *m*
illuminate the spray pattern at the cross section	Querschnitt des Spritzbildes ausleuchten *m*
immobilizer	Feststeller *m*
impact	auftreffen auf
impact screw driver	Impulsschrauber *m*
impact wrench	Schlagschrauber *m*
impair	beeinträchtigen
impaired driveability	beeinträchtigtes Fahrvermögen *n*
impeller	Wasserpumpenrotor *m*
important defect	kritische Störung *f*
improper gear	falsches Zahnrad *n*
in excess of	mehr als
in neutral gear	in Leerlaufstellung *f*
in relation to	in Bezug auf *m*
in static conditions	in Ruhelage *f*

in the lower right hand corner *(of the screen)*	in der rechten unteren Hälfte *f*
in the upper left hand corner *(of the screen)*	in der linken oberen Hälfte *f*
in-process inventory	Lagerteile für den Montageprozess *n pl*, für den Montageprozess zu lagernde Teile *m*
inadequate air pressure	unzureichender Luftdruck *m*
incoming track *(conveyor system)*	eingehende Strecke *f*
incorrect	fehlerhaft
incorrect fitment	falscher Einbau *m*
incorrectly directed	abgelenkt
incorrectly fitted	falsch montiert
increase pressure	Druck aufbauen *m*
increasingly	zunehmend
indentation *(of a plate)*	Vertiefung *f*
independent (rear / front) suspension	Einzelradaufhängung *f*
index a rotary table	Rundtisch durchtakten *m*
index plate	Takt- / Teilscheibe *f*
index sth. for sth. *(control system)*	anfahren
indexing	Erfassen von Kenndaten *n*, Indexierung *f*
indicate	anzeigen
indicating pin	Kennmelder *m*
indicator *(visual)*	Kennmelder *m*
indicator light bulb	Glühlampenanzeige *f*
indirect injection (IDI)	indirekte Einspritzung *f*
indirect injection (IDI) pump	Vorkammereinspritzpumpe *f*
indirect injection engine	Motor mit indirekter Einspritzung *m*
inductive coupling	induktive Kopplung *f*
inductive sensor	induktiver Sensor *m*
inefficient engine running	unökonomischer Motorlauf *m*
infinite resistance	unendlicher Widerstand *m*
inflatable restraint electronics	Reifendruckkontrolle / -verlustwarnung *f*
inflate a file	Datei entpacken *f*
infra-red anti-theft system	Infrarot-Wegfahrsperre *f*
infrared sensor	Infrarotsensor *m*
ingress of air	Lufteintritt *m*
inherently safe	eigensicher
initial cam position	Ausgangsstellung des Nockenrings *f*
initial cleaning	Erstreinigung *f*
initial design	Erstauslegung *f*
initial design status	Ausgangs-Konstruktionsstand *m*
initial installation	Erstinstallierung *f*
initial oil fill	Erstbeölung *f*
initial parameterization	Erstparametrierung *f*
initial set up	Einstellung von Ausgangsbedingungen *f*
initial shipment	Erstversand *m*
initial warmup	Anlauf *m*
initiate	veranlassen
initiate communication	Datenaustausch herstellen *m*

injection advance	Spritzverstellung (SV) *f*
injection cycle	Einspritzzyklus *m*
injection hole	Einspritzloch *n*
injection of fluid	Einspritzung von Flüssigkeit *f*
injection pressure	Einspritzdruck *m*
injection pump timing	Einstellung der Einspritzpumpe *f*
injection rate	Einspritzmenge *f*
injection sensor	Einspritzsensor *m*
injection timing	Spritz- / Spritzzeitpunktverstellung *f*
injection timing solenoid valve	elektromagnetisches Spritzverstellerventil *n*
injector	Einspritzventil *n*
injector assembly	Düsenstock *m*
injector backleak pipe	Leckölleitung vom Einspritzventil *f*
injector bore	Einspritzdüsenbohrung *f*
injector construction	Aufbau eines Einspritzventils *m*
injector dismantling jig	Demontagevorrichtung für Einspritzventile *f*
injector fitted with a VCO nozzle	Einspritzventil mit überlappter Lochdüse *n*
injector fuel supply pipe connection	Leitungsanschluss Einspritzventil *m*
injector holder	Einspritzventilhalter *m*
injector input union	Einspritzventilstutzen *m*
injector mounting block	Einspritzventilblock *m*
injector needle lift	Düsennadelhub *m*
injector needle lift signal	Signal vom Nadelhubsensor *n*
injector on test	zu prüfendes Einspritzventil *n*
injector pipe	Einspritzleitung *f*, Einspritzrohr *n*
injector seal	Einspritzventil-Dichtring *m*
injector spray pattern analysis	Spritzbildanalyse *f*
injector spring	Einspritzventilfeder *f*
inlet air pressure	Ansaugluftdruck *m*
inlet air pressure monitoring	Steuerung des Ansaugluftdrucks *f*
inlet air throttle	Ansaugluft-Drosselklappe *f*
inlet and outlet hose	Saug- und Druckschlauch *m*
inlet and outlet pipe	Zulauf- und Rücklaufleitung *f*
inlet bore	Saugbohrung *f*
inlet connector	Einlassanschluss *m*
inlet hose	Saugleitung *f*
(inlet) manifold	Saugrohr *n*
inlet manifold pressure	Druck im Saugrohr *m*
inlet non-return valve	Rückschlagventil am Einlass *n*
inlet of the test piece	Einlass des Prüflings *m*
inlet port	Ansaugöffnung *f*, Einlassanschluss *m*
inlet port of a filter	Einlassanschluss eines Filters *m*
inlet rail	Kraftstoffzulaufleitung *f*
inlet stroke	Ansaug- / Einlasstakt *m*
inlet system	Einlassanlage *f*
inlet unit	Einschleuseinheit *f*
inlet vacuum	Ansaugunterdruck *m*

inline engine	Reihenmotor *m*
inline heater	vorgeschalteter Vorwärmer *m*
inline installation	Leitungsinstallierung *f*
inline torque transducer between engine and drive motor	zwischen Motor und Antriebsmotor geschalteter Drehmomentaufnehmer *m*
inner bearing	Innenlager *n*
inner bearing surface / outer face	Innenlagerfläche *f*
inner race *(of a bearing)*	Innenlaufbahn *f* / -ring *m*
innermost part	innerstes Teil *n*
inoperative	außer Betrieb *m*, unwirksam
input channel	Eingangskanal *m*
input motoring device	Eingangsantrieb *m*
input rod	Betätigungsstange *f*
input shaft *(transmission)*	Antriebswelle *f*
input signal	Eingangssignal *n*
input wiring diagram	Schaltbild Eingang *n*
input-output wiring	Eingangs- / Ausgangs-Verdrahtung *f*
insert a key into	Schlüssel einführen *m*
insert gun	Einpress- / Einschraubpistole *f*
inside surface	Innenfläche *f*
inspect for	überprüfen auf
inspection aperture	Kontroll- / Prüföffnung *f*, Schauloch *n*
inspection gauge	Abnahmelehre *f*
inspection glass	Schauglas *n*
inspection hole	Schauloch *n*
inspection plate	Prüfplatte *f*
inspection plug	Kontroll- / Prüfstopfen *m*
install	einrichten, installieren
installation	Anlage *f*, Aufbau *m*, Montage *f*
installation drawing	Einbauzeichnung *f*
installation flexibility	Montageflexibilität *f*
installation kit	Einbausatz *m*
installation pack	Installierungspaket *n*
installation schedule	Montage(ablauf)plan *m*
installation site	Aufstellungsort *m*
installation support	Montagehalterung *f*
installation trolley	Ablage- / Transportblock *m*
instantaneous value	Ist- / Momentanwert *m*
instruction	Anweisung *f*, Signal *n*, Steuerbefehl *m*
instruction signal	Ansteuerungs- / Steuersignal *n*
instrument panel	Armaturenbrett *n*
instrumentation package	Gerätepaket *n*
instrumented injector	Prüfeinspritzventil *n*
instrumented injector assembly	mit Nadelhubsensor bestückter Düsenstock *m*
insulation washer	Isolier-Rondell *n*
intake air	Ansaugluft *f*
intake air throttle	Einlassdrosselklappe *f*

intake hose	Ansaugschlauch *m*
intake manifold	Einlasskrümmer *m*, Luftansaugrohr *n*
intake manifold pressure	Druck im Einlasskrümmer *m*
intake muffler	Ansauggeräuschdämpfer *m*
intake pipe	Saugrohr *n*
intake port	Ansaugöffnung *f*
intake pressure	Einlassdruck *m*
intake stroke	Ansaug- / Einlasstakt *m*
intake test *(cylinder head)*	Einlassdrucktest *m*
integral filter	Integralfilter *m*
integral spin-on filter	Integralsteckfilter *m*
integrated control unit (ICU)	integriertes Steuergerät *n*
integrated process development	integrierte Prozessentwicklung *f*
integration of tooling	prozessüberwachte Werkzeuge *n pl*
integrity	Funktionalität, Funktionstüchtigkeit *f*
integrity of an engine	volle Leistungsfähigkeit eines Motors *f*
interact	gegenseitig beeinflussen
interaction	Dialog *m*, Kommunikation, Wechselwirkung *f*
interconnecting cable	Verbindungskabel *n*
intercooler	Ladeluftkühler *m*
interface	Schnittstelle *f*
interface module	Schnittstellenmodul *n*
interface to an automatic station	an eine Automatikstation andocken *f*
interior sector, interiors	Innenausstattung *f*
interlock assembly	Arretierungsplatte *f*
interlock system	Sicherheitsschaltung *f*
intermediate (pressure) level	Zwischenstufe *f*
intermediate pressure plate	Zwischendruckplatte *f*
intermediate shaft	Zwischenwelle *f*
intermittent low power	zeitweise geringe Leistung *f*
intermittent supply	intervallartige Zuführung *f*
internal lobes of a cam ring	nach innen gerichtete Nocken eines Nockenrings *m pl*
internal peg timing	Einstellung des Spritzverstellers mittels Einstellstift *f*
internal pressure	Innendruck *m*
internal profile of a liner	Innenprofil einer Buchse *n*
internal volume	Eigen- / Innenvolumen *n*
inventory	Lagerkapazität *f*
inversely proportional	umgekehrt proportional
invert an engine	Motor umdrehen *m*
inverter drive	Inverterantrieb *m*
inwards	nach innen
iron slab	Bramme *f*
isochronous	gleichzeitig, isochron
isolating valve of a pressure gauge	Absperrventil eines Druckmessers *n*
item number *(part list)*	Positionsnummer *f*

J

jack	Bock *m*
jammed	verklemmt
J-bar carrier	EHB Träger *m*
jet *(AE)*	Düse *f*
jib crane	Aushebekran *m*
jig boring	Koordinatenbohrung *f*
JIT pull production system	Just-In-Time Fertigung *f*
joggling tool	Absetzzange *f*
judder *(brake)*	Bremsrubbeln *n*

K

key *(crankshaft timing gear)*	Passfeder *f*, Riegel *m*
key plan	Lageplan *m*
key up valves	Montieren von Ventilkeilen *n*
key-operated transponder	schlüsselbetätigter Transponder *m*
keyboard	Tastatur *f*, Tastenfeld *n*
keypad	Bedienfeld *n*, Drucktasten *f pl*
keyswitch	Schlüsselschalter *m*
keyway	Keilloch *n*, Nut *f*
kickdown control	Kickdown-Steuerung *f*
kickdown solenoid	Kickdown-Ventil *n*
king pin	Lenkzapfen *m*
kingpin offset	Lenkrollradius *m*
kinked *(hose)*	geknickt
kit	Ausrüstungssatz *m*, Bausatz *m*, Gerät *n*
kit component	Ausrüstungsteil *n*

L

labyrinth passage	Labyrinthdurchgang *m*
lack of power	Leistungsabfall *m*, mangelnde Motorleistung *f*
ladder chain	Hakenkette *f*
LAN interface	LAN-Verbindung *f*
lap indicator	Rundenanzeiger *(Rennsport) m*
latch	einrasten; Schnapper *m*
latch a system in a state	System in einem Zustand verriegeln *n*
latch valve	Verriegelungsventil *n*
latched fault	verriegelter Fehler *m*
latching system	Verriegelungssystem *n*
lateral cover	seitliche Abdeckung *f*
latest data validated for a parameter	zuletzt bestätigter Parameterwert *m*
lay out step-by-step	schrittweise aufbauen
layout *(keyplan)*	Anordnung *f*
layout as fixed by the design	konstruktive Anordnung *f*
layout concept / plan	Aufstellungsplan *m*
lead connector	Kabelsteckverbindung *f*
lead seal	Plombe *f*
lead time	Bestellzeit *(von Waren) f*
lead time of a product	Einführungszeit eines Produkts *f*
leak detector	Lecksuchgerät *n*
leak master	Leck-Normale *f*
leak rate	Leck(age)menge *f*
leak simulation equipment / unit	Lecksimuliereinrichtung *f*
leak simulator	Lecksimulationsgerät *n*
leak test	Dichtigkeitsprüfung *f*, Lecktest *m*
leak test calibration procedure	Kalibrierverfahren für den Lecktest *n*
leak test rate	Lecktestrate *f*
leak test station	Leckteststation *f*
leak tester	Leckprüfgerät / -testgerät / -suchgerät *n*
leak tight	dicht
leakage	Leckage, Streuung, Undichtigkeit *f*
leakage current	Fehlerstrom *m*
leaking	undicht
LED-display	Lampentableau *n*
left-hand engine mount	linkes Motorlager *n*
left-hand thread	Linksgewinde *n*
less serious fault	geringfügigerer Fehler *m*
level	aussteuern
level in the coolant reservoir	Kühlmittelstand im Behälter *m*
levelling	Nivellierung *f*
levelling plate	Nivellierplatte *f*
levelling unit	Nivelliereinheit *f*

lever	Hebel *m*
lever out	heraushebeln
life upgrade	Verlängerung der Lebensdauer *f*
lift	Hubhöhe *f*
lift and carry mechanism	Hebe- und Transportvorrichtung *f*, Hub- und Fördergerät *n*
lift and locating unit for pallet and gearbox	Hub- und Fixiereinheit für Palette und Getriebe *f*
lift gauge	Hubhöhenmesser *m*
lift measurement	Messen der Hubhöhe *n*
lift off an engine	Motor ausheben *m*
lift pump	Ansaugpumpe *f*
lift truck	Hubwagen *m*
lift unit with cross / longitudinal stop	Hubstation mit Quer- / Längsanschlag *f*
lift value	Hubleistung *f*, -wert *m*
lifting cone	Hubkegel *m*
lifting eye	Hebeöse *f*, Kranauge *n*
lifting station	Aushubstation *f*
light barrier	Lichtschranke *f*
light commercial / duty vehicle (LCV, LDV)	Leichtlaster *m*, leichtes Nutzfahrzeug *n*
light curtain	Lichtvorhang *m*
light level	Lichtverhältnisse *n pl*
light load	Leicht- / Teillast *f*
light pulse width	Lichtimpulsbreite *f*
limit	begrenzen; Grenzwert *m*
limit control *(data)*	Bereichsüberwachung *f*
limited operation strategy (LOS)	Notprogramm *n*
limiting position	Endlage *f*
limp home strategy (LHS)	Standardprogramm *n*
line	Anlage *f*, Kabel *n*, Leitung, Linie *f*
line task balancing	Abstimmung von Linienabläufen *f*
line up with	ausrichten mit
line-to-line balance	Leitungsnachbildung *f*
linearity	Linearität *f*
liner	Buchse *f*
link	Gelenk, Zwischenstück *n*
link stabilizer	Gestängestabilisator *m*
linkage hook	Gestängehaken *m*
lint-free *(cloth)*	fusselfrei
lip seal	Simmering *m*
lipped mount	Lippenbefestigung *f*
live cycle *(of a component)*	Lebensdauer *(längere ~ eines Teils) f*
load	Lastmoment *n*
load an engine into the test stand	Motor in den Prüfstand einschleusen / fahren *m*
load cell	Drehmomentmesswelle *f*
load motor	Abtriebsmaschine *f*

loading bridge	Ladeportal *n*
loading height	Einlegehöhe *f*
local area network (LAN)	lokales Netz, Ortsnetz *n*
local operator control	prozessnahe Bedienung *f*
localize a fault	Fehler eingrenzen *m*
locating	Positionierung *f*
locating bolt	Aufnahmebolzen *m*
locating eye	Pass-, Positionier-, Stell-, Zentrieröse *f*
locating fork	offene Fixierung *f*
locating lip	Zentrierung *f*
locating lug	Ankeröse *f*
locating peg	Führungszapfen *m*
locating pin	Aufnahme- / Passstift, Führungsdorn *m*
locating plate	Abfangblech *n*, Aufnahmeplatte *f*
locating point for installation	Festpunkt bei Montage *m*
locating ring	Pass- / Zentrierring *m*
locating stud	Führungs- / Zentrierbolzen *m*
locating tag	Führungsstift *m*
locating unit	Positioniereinheit *f*
location	Einbaulage / -position *f*
location area	Aufstellfläche *f*
location chart	Belegungsplan *m*
location of fuses	Anordnung von Sicherungen *f*
lock data at their default values	Einfrieren von Daten auf den Standardwerten *n*
lock nut	Gegen- / Klemm- / Konter- / Sicherungsmutter *f*
lock out alignment compensation	Stellungsausgleich sichern *m*
lock stop	Anschlag *m*
lock striker	Schließkeil *m*
lock tab	Sicherungsblech *n*
lock(ing) ring	Federring *m*
lock(ing) washer	Sicherungsblech *n*, Sicherungsscheibe *f*, Sprengring *m*
lock-off ball	Dämpferkugel *f*
lock-off valve	Absperr- / Sperr- / Verriegelungsventil *n*
locked fault	verriegelter Fehler *m*
locked-shaft timing	Verstellung mit blockierter Welle *f*
locking compound	Abdichtmasse *f*
locking device	Verriegelung *f*
locking pin	Halte- / Verriegelungsstift *m*
locking plate	Arretierplatte *f*
locking screw	Arretier- / Klemm- / Spannschraube *f*
lockstrap	Sicherungsstreifen *m*
log	Protokoll *n*
log data / readings	Daten erfassen *pl*
log file	Protokolldatei *f*

log test results against the engine	Prüfergebnisse einem Motor zuordnen *n pl*
long (brake) pedal (travel)	langer Bremspedalweg *m*
long block assembly	Longblockmontage *f*
long duration light pulse	langer Lichtimpuls *m*
long life filter	langlebiger Filter *m*
long signal actuator *(conveyor system)*	Streckenabfrage *f*
long time test	Langzeitversuch *m*
long travel saddle	weit verfahrbarer Schlitten *m*
long-term application	Langzeitanlage *f*
long-term stability	Langzeitstabilität *f*
longevity	Langlebigkeit, Lebensdauer *f*
looping *(cable)*	Abhängung *f*
loose hub	schwimmende Nabe *f*
loose spark plug cable	loses Zündkabel *n*
loss of power	Leistungsabfall *m*
loss of the needle lift signal	kein Signal vom Nadelhubsensor *n*
loss of the speed signal	Verlust des Motordrehzahlsignals *m*
lost motion spring	Totgangfeder *f*
low *(tank)*	tief liegend montiert
low coolant switch	Kühlmittelstandgeber *m*
low frequency noise	Geräusch mit niedriger Frequenz *n*
low load	Leichtlast *f*
low pedal demand switch (LPDS)	Leerlauffahrpedalsensor *m*
low power	geringe Leistung *f*
low side of a transducer	Niederdruckseite eines Aufnehmers *f*
low take up of drive	langsames Hochfahren *n*
low temperature operation	Betrieb bei niedrigen Temperaturen *m*
low-energy nozzle	Schwachstromdüse *f*
low-load advance (LLA) device	Leichtlastverstellung *f*
low-load advance (LLA) valve	Leichtlastverstellventil *n*
low-load test	Leicht- / Teillastprüfung *f*
low-pressure connection	Niederdruckanschluss *m*
low-pressure feed	Niederdruckförderung *f*
low-pressure status	Niederdruckzustand *m*
low-spring injector	Einspritzventil mit unterer Feder *n*
low-voltage circuit	Niedervolt-Stromkreis *m*
lower rate mode strategy	Betrieb am unteren Grenzwert *m*
lowering device *(conveyor system)*	Absenkvorrichtung *f*
L-type seal	L-förmige Manschette *f*
lubricating drilling	Schmierölbohrung *f*
lubrication groove	Schmiernut *f*
lug	Nase, Öse, Verriegelungszunge *f*

M

machine a flat onto sth.	etw. mit einer Abflachung versehen *f*
machine fault	Sammelfehler *m*, Sammelstörung *f*
machine to a high degree of accuracy	präzise bearbeiten
machined flat	angearbeitete Abflachung *f*
machining area	Fertigungsbereich *m*
machining parameter	Fertigungsparameter *m*
main body	Hauptteil *n*
main bus	Hauptsammelschiene *f*
main control panel	Hauptbedienfeld (HBF) *n*
main filter	Hauptfilter *m*
main interconnection	Hauptverbindung *f*
main menu	Hauptmenü *n*
main section	Hauptsegment *n*
main shaft bearing	Hauptantriebswelle *f*
main thrust bearing	Axialanlaufhauptlager *n*
mains connection	Netzanschluss *m*
mains supply	Netzversorgung *f*
maintain	erhalten, warten
maintain the (proper) centre of gravity	Schwerpunkt einstellen *m*
maintain the operating integrity of an engine	Leistungsfähigkeit eines Motors erhalten *f*
maintainability	Wartungsfreundlichkeit *f*
maintenance	Wartung *f*
maintenance department	Wartung & Instandhaltung *(Abt.) f*
maintenance free	wartungsfrei
maintenance operations	Instandhaltungsarbeiten, Wartungsmaßnahmen *f pl*
maintenance staff	Wartungspersonal *n*
major fault	größerer Fehler *m*
major function	Hauptfunktion *f*
major repair	große Nacharbeit *f*
male fitting for pipes	Überwurfschraube *f*
malfunction	Fehlfunktion, Funktionsstörung *f*
mandrel arbor	Dorn *m*
manifold contamination / fouling	Krümmerverschmutzung *f*
manifold pressure	Ladedruck *m*
manifold vacuum regulation valve	Ladedruck-Regelventil *n*
manual adaptation	manuelle Adaptierung *f*
manual gearbox / transmission	Handschaltgetriebe *n*
manual or test mode	Einrichtbetrieb *m*
manually equipped bulkhead	manuelle Bedienung des Anschlussbalkens *f*
manually operated	manuell betrieben
manufacture on a random basis	unabhängig von Losgrößen fertigen *f pl*
manufacturer's drawing	Werkszeichnung *f*

manufacturer's instruction	Herstellerhinweis *m*
manufacturing equipment	Fertigungstechnik *f*
manufacturing site	Fertigungsstätte *f*
map	Kennfeld *n*
map delivery	Leistungskennfeld *n*
mapping	Kennfelderstellung *f*
marginal check	Toleranzprüfung *f*
marine engine	Schiffsmotor *m*
marking gauge	Parallelreißer *m*
mass	Masse *f*
mass flow test	Massendurchflussmessung *f*
mass intensity image	Massenverteilung *f*
mass measurement	Massenmessung *f*
mass of fuel	Kraftstoffmenge *f*
master brake cylinder	Hauptbremszylinder *m*
master computer	Leitrechner *m*
master cylinder reservoir	Hauptzylinderbehälter *m*
master gauge	Kontrolllehre *f*
master shift curve	Referenzschaltkurve *f*
match to	anpassen an
matching	zugehörig
mated *(components)*	abgestimmt, zusammengehörig
material availability	Materialbereitstellung *f*
material economy	Materialausnutzung *f*
material fatigue	Materialermüdung *f*
material flow chart	Materialflussplan *m*
material schedule	Materialzulaufplan *m*
mating	zugehörig
mating face	Anlage- / Berührungsfläche *f*
mating flange	Gegenflansch *m*
mating plug	zugehöriger Stecker *m*
mating surface	Passfläche *f*
mating surfaces	zusammentreffende Flächen *f pl*
maximum (fuel) delivery	Höchstförder- / Höchstkraftstoffmenge *f*
maximum advance	Endlage der Spritzverstellung *f*
maximum cam position	Endlage des Nockenrings *f*
maximum engine performance	maximale Motorleistung *f*
maximum fuel adjusting plate	Höchstmengen-Einstellplatte *f*
maximum fuel injection mixture adjustment	Gemischeinstellung der maximalen Einspritzung *f*
maximum fuel screw	Einstellschraube Höchstkraftstoffmenge *f*
maximum fuelling	maximale Kraftstoffversorgung *f*
maximum limit	oberster Grenzwert *m*
maximum pallet height	höchster Punkt einer Palette *m*
maximum permissible cylinder head distortion	maximal zulässige Zylinderkopfverformung *f*
maximum skimming depth	maximal Nachschleifen bis *n*

maximum speed stop	Abregeldrehzahlanschlag *m*
maximum speed stop screw	Höchstdrehzahl-Anschlagschraube *f*
maximum speed stop setting	Einstellung des Abregeldrehzahlanschlags *f*
maximum stop position	Maximalanschlag *m*
maximum torque / traction (power)	höchste Durchzugskraft *f*
maximum vacuum pulldown	maximales Spaltmaß der Starterklappen *n*
maximum value	Höchstwert *m*
measure single injections	einzelne Einspritzvorgänge messen *m pl*
measurement principle	Messprinzip *n*
measurement transducer	Messaufnehmer *m*
measuring amplifier	Messverstärker *m*
measuring card	Messkarte *f*
measuring equipment	Messgeräte *n pl*, Messtechnik *f*
measuring point	Messpunkt *m*, Messstelle *f*
measuring range	Messbereich *m*
measuring unit	Messeinrichtung *f*
mechanical advance *(ignition)*	Fliehkraftverstellung *f*
mechanical centrifugal governor	mechanischer Fliehkraftregler *m*
mechanical collection patternators	mechanische Erfassungsgeräte *n pl*
mechanical construction	mechanischer Aufbau *m*
mechanical fault	mechanischer Fehler *m*
mechanical fuel injection (MFI)	mechanische Kraftstoffeinspritzung *f*
mechanical governor mechanism	Fliehkraftregelung *f*
mechanical tappet	mechanischer Stößel *m*
mechanical test	Überprüfung der Mechanik *f*
mechanically controlled / governed pump	mechanisch geregelte / gesteuerte Pumpe *f*
mechanically operated	mechanisch betätigt
medium-sized	mittelgroß
menu and command structure	Menü- und Befehlsstruktur *f*
menu-driven	menügeführt
mesh	ineinandergreifen; Siebweite *f*
message	Meldung *f*
metal panel flange	Blechflansch *m*
meter	dosieren, messen; Messinstrument *n*
metered amount of fuel	durch das Dosierventil bestimmte Kraftstoffmenge *n*
metering circuit	Dosierkreis *m*
metering pressure	Dosierdruck *m*
metering test bench	Messprüfstand *m*
metering valve	Dosierventil *n*
method	Verfahren *n*
method of retention in the release fork	Methode der Ausrücklagerbefestigung am Ausrückhebel *f*
metric head	metrischer Anschluss *m*
metrical dial gauge	Messuhr mit metrischer Einteilung *f*
microswitch	Mikroschalter *m*
mid housing	Mittelgehäuse *n*

midway between the pulleys	auf halbem Weg zwischen den Riemenscheiben *m*
mini-maxi governor	Leerlauf- und Enddrehzahlregler, Zweigangregler *m*
minimum clamping force	Mindestspannkraft *f*
minimum delivery	Mindestfördermenge *f*
minimum facilities	Mindestausrüstung *f*
minimum fuel delivery	minimale Kraftstoffmenge *f*
minimum fuel economy	minimaler Kraftstoffverbrauch *m*
minimum limit	unterster Grenzwert *m*
minimum pressure of response *(leak test)*	Ansprechdruck *m*
minimum stop position	Mindestanschlag *m*
minimum value	Mindestwert *m*
minor fault	kleinerer Fehler *m*
minor repair	kleine Nacharbeit *f*
misalignment	Einstellungsfehler *m*, fehlerhafte Ausrichtung *f*
mismatch	falsche Anpassung *f*
mission counter	Einheitenzähler *m*
mobile lift unit	Hubwagen *m*
mobile test unit	mobiles Prüfgerät *n*
moderate pressure	gemäßigter Druck *m*
modification	Änderung, Modifizierung *f*, Umbau *m*
modular system	Baukastensystem *n*
modular terminal	Anreihklemme *f*
module	Baugruppe *f*
monitor	überwachen
monitoring and control system	Überwachungs- und Steuersystem *n*
monitoring function	Steuerfunktion *f*
monitoring of the pressure in the inlet manifold	Ladedrucksteuerung *f*
monitoring system	Steuerung, Überwachung *f*
monorail conveyor / system	Einschienenhängebahn (EHB) *f*
monorail loading station	Einschienenladestation *f*
moose test	Elchtest *m*
more powerful vehicle	leistungsfähigeres Fahrzeug *n*
motion diagram	Bewegungsschema *n*
motion shaft	Vorgelegewelle *f*
motor-operated valve (MOV)	Motorschieber *m*
moulded casing	Pressstoffgehäuse *n*
mount plate	Einbauplatte *f*
mount to	anbringen
mounted rigidly relative to each other	starr zueinander befestigt
mounting (arrangement)	Aufbau *m*
mounting block	Aufnahmeblock *m*

mounting bracket	Aufspannvorrichtung, Befestigungsklammer *f*, Befestigungswinkel *m*, Halterung *f*, Haltewinkel *m*
mounting clip	Befestigungsschelle *f*
mounting cradle	Montagewanne *f*
mounting depth	Einbautiefe *f*
mounting device	Montagevorrichtung *f*
mounting face	Auflage- / Befestigungssfläche *f*, Sicherungsblech *n*
mounting flange	Befestigungsflansch *m*
mounting height	Einbauhöhe *f*
mounting hole	Aufnahme- / Befestigungsbohrung *f*
mounting iron	Montageeisen *n*
mounting kit	Montageausrüstung *f*
mounting of an electronic enclosure	Montage eines Elektronikgehäuses *f*
mounting pattern *(of a cylinder)*	Anschlussbild *n*
mounting plate	Aufnahme- / Montageplatte *f*
mounting rack	Baugruppenträger, Montagebock *m*
mounting tray	Ablagefläche *f*
move *(piston)*	verschieben
move freely	freigängig
move inwards	nach innen laufen
move the pedal position slowly	gleichmäßige Veränderung der Pedalstellung *f*
muffler reclassifier	Luftdämpfer und Flüssigkeitsabscheider *m*
multi-clean machine	Mehrzweckreinigungsgerät *n*
multi-hole (type) nozzle	Mehrlochdüse *f*
multipin connector	Mehrfachstecker *m*
multiple cylinders	mehrere Zylinder *m pl*
multiple plate flywheel	mehrstufiges Schwungrad *n*
multiplug	Mehrfachstecker *m*
multipoint clip	Federleiste *f*

N

naked flame	offene Flamme *f*
narrow gap	enger / kleiner Spalt *m*
naturally-aspirated engine	Saugmotor *m*
navigation system	Navigationssystem *n*
nearside	Beifahrerseite *f*
needle lift sensor (NLS)	Nadelhubgeber / -sensor *m*
needle valve	Nadelventil *n*
negative plate	Masseplatte *f*
negative temperature coefficient (NTC) thermistor	Thermoelement mit negativem Temperaturkoeffizienten *n*
nest into *(a fixture / conveyor system)*	einhängen
network wiring	Netzwerkanbindung / -verkabelung *f*
nitrous oxide (NOx)	Stickstoffoxid (N_2O) *n*
NLS output	Nadelhubgeberanzeige *f*
noise analysis	Geräuschanalyse *f*, Geräuschmesssystem *n*
noise cell	Lärmschutzkabine *f*
noise level (NL)	Geräusch- / Schallpegel (SP) *m*
NOK *(not okay)*	NIO-Status *m*
NOK engines	NIO-Motoren *m pl*
NOK sensor	NIO-Abfrage *f*
nominal programmed value	programmierter Nennwert *m*
nominal speed	Nenndrehzahl *f*
non-adjustable	nicht einstellbar
non-conforming	fehlerhaft
non-faulty	fehlerfrei
non-fluffy *(cloth)*	flusen- / fusselfrei
non-intrusive measurement principle	berührungsloses Messprinzip *n*
non-laser sheet	Lichtebene *f*
non-leaking	dicht
non-metal pipe	Nichtmetall-Leitung *f*
non-repairable	nicht reparabel
non-resistive	widerstandsfrei
non-return valve	Rückschlagventil *n*
non-service item	kein Wartungspunkt *m*
non-serviceable	nicht wartungsfähig
non-vibrating	schwingungsfrei
non-volatile memory	Permanentspeicher *m*
normal operating mode	Normalbetrieb *m*
normal operating sweep	normaler Betriebsbereich *m*
normal operation	Standardbetrieb *m*
nose radius	Spitzenabrundung *f*
not matched	nicht abgestimmt
notched bow for the handbrake	Rastenbogen für die Handbremse *m*

notched rod	Rastenstange *f*
notchy operation	ungleichmäßige Betriebs- / Funktionsweise *(während die Kupplung im Eingriff ist) f*
note *(adjustments)*	festhalten
nozzle	Düse *f*
nozzle end-face	Stirnfläche einer Düse *f*
nozzle guide	Düsenführung *f*
nozzle header	Verteilerrohr *n*
nozzle holder	Düsenhalter *m*
nozzle inspection	Überprüfung von Düsen *f*
nozzle pair	Messaufnehmer *m*
nozzle plug gauge	Bohrungsmessaufnehmer *m*
nozzle stem	Düsenschaft *m*
numeric injection system	numerisches Einspritzsystem *n*
nut adjuster	Stellmutter *f*
nutrunner	Elektro- / Mutternschrauber *m*

O

oblong hole	Langloch *n*
obvious defect	augenfälligerer Defekt *m*
OE Ref.(erence)	Referenz Fahrzeughersteller *f*
of full scale value	vom Endwert (v. E.) *m*
off-limit condition	Grenzwertüberschreitung *f*
off-load	unbelastet
off-value	Ausschaltpunkt *m*
offline gauging station	externe Messstation *f*
offset	Versatz *m*
offset by 30° *(thread)*	gedreht um 30°
offset dowel	versetzter Bolzen *m*
offside	Fahrerseite *f*
oil cavity / chamber	Ölkammer *f*, Ölraum *m*
oil dispense	Ölbefüllung / -verteilung *f*
oil dripping / drips	Nachtropfen des Öls *n*
oil fill	Ölbefüllung *f*
oil gallery	Hauptverteilerleitung *f*, Ölkanal *m*, Ölring- / Ölverteilerleitung *f*
oil inlet / outlet adapter	Öladapter für Ein- / Auslass *m*
oil level	Ölstand *m*
oil level switch	Ölstandschalter *m*
oil pan	Motorsumpf *m*, Ölwanne *f*
oil pan assembly	Ölwannenmontage *f*
oil pressure	Öldruck *m*
oil pressure sensor	Öldrucksensor *m*
oil pump	Ölpumpe *f*
oil sump	Motorsumpf *m*, Ölwanne *f*
oil sump down	Ölwanne nach unten ausgerichtet *f*
oil supply (system)	Ölversorgung *f*
oil tank	Versorgungstank *m*
oil tight	öldicht
oil-free compressed air	ölfreie Druckluft *f*
oil-pressure signature	Öldruckkurve *f*
OK	IO-Status *m*
OK engines	IO-Motoren *m pl*
olive	Schneidring *m*
olive fittings	Schneidringfittings *pl*
on the face	stirnseitig
on the lower / upper portion of the screen	im oberen / unteren Bildschirmbereich *m*
on the primary side	auf der Primärseite *f*
on-board diagnosis (OBD)	On-Board-Diagnose (OBD) *f*
on-drive end	Antriebsseite *f*

on-off controller	Zweipunktregler *m*
on-sensor memory	sensorabhängiger Speicher *m*
on-spec	spezifikationsgerecht
on-spot loading	On-Spot-Verladung, Verladung vor Ort *f*
on-the-road test	Prüfung auf der Straße *f*
on-time delivery	punktgenaue Logistik *f*
on-value	Einschaltpunkt *m*
on / off period	Ein- / Aus-Intervall *n*
one-time fixturing	Einzelpunktaufnahme *f*
online	integriert
open circuit	Unterbrechung *f*
open-circuit failure	Kabelbruch *m*
open-loop cam control	Nockenringsteuerung im offenen Regelkreis *f*
opening pressure	Öffnungsdruck *m*
operate	ansteuern, betätigen
operate a test machine	Prüfeinrichtung betreiben *f*
operate by a DCU	ansteuern durch eine DCU
operate completely full of fuel	Betrieb bei voller Kraftstoffbefüllung *m*
operate electrically	elektrisch ansteuern
operate on an 'all or nothing' principle	auf dem Prinzip „Alles oder nichts" basieren *n*
operate smoothly	einwandfrei funktionieren
operate the pre-heating system	Vorglühen aktivieren *n*
operating condition	Betriebsbedingung *f*
operating cycle	Arbeitsspiel *n*
operating environment	Umgebungsbedingung *f*
operating force	Betätigungskraft *f*
operating instruction	Betriebsanweisung *f*
operating interface	Bedieneroberfläche *f*
operating parameter	Betriebsparameter *m*
operating peg	Drehstift *m*
operating spindle	Arbeitsspindel *f*
operating status	Betriebszustand *m*
operating travel	Betätigungsweg *m*
operating variable	Betriebsparameter *m*
operation	Ansteuerung, Betätigung, Funktionsweise *f*
operation position	Bedienbereich *m*
operational test	Funktionserprobung *f*
operator control panel with monitor	Bedienerführung *f*
operator custom	Bediengewohnheiten *f pl*
operator ergonomics	Bedienergonomie *f*
operator guidance	Bedienerführung *f*
operator interface	Bedienfläche *f*
operator intervention	Bedienereingriff *m*
operator panel	Bedienerschnittstelle *f*, Bedienfeld / -pult *n*
operator prompting	Bedienerführung *f*
operator's trouble report	Störungsmeldung *f*

opposing force	Gegenkraft *f*
opposite and proportional ratio of flow and pressure	Durchfluss verhält sich entgegengesetzt proportional zum Druck *m*
optic scan	optische Abtastung *f*
optical (injector) spray pattern analysis	optische Spritzbildanalyse *f*
optical injector spray patternator	Messgerät für die optische Spritzbildanalyse *n*
optically decoupled	optisch entkoppelt
optimum moment	optimaler Zeitpunkt *m*
optional equipment	Zusatzausrüstung *f*
optional function	optionale Funktion *f*
orient horizontally / vertically	horizontal / vertikal ausrichten
orientation of transmission	Getriebelage *f*
orifice plate	Lochplatte *f*
original	ursprünglich
original equipment	Erstausrüstung *f*
original equipment manufacturer (OEM)	Erstausrüster *m*
original fault	ursprüngliche Störung *f*
oscillating during dialog	oszillierend beim Datenaustausch *m*
oscillating on initialisation	oszillierend während des Betriebs *m*
out of alignment	nicht ausgerichtet
out of engagement	außer Eingriff *m*
out-of-limit value	Wert außerhalb der Grenzen *m*
outer circlip	Außensicherungsring *m*
outer dimension	Außenabmessung *f*
outer end	Außenseite *f*
outer race *(of a bearing)*	Außenlaufbahn *f* / -ring *m*
outgoing track *(conveyor system)*	abgehende Strecke *f*
outlet	Abgang, Auslass *m*
outlet adapter	Auslassadapter *m*
outlet air duct	Abluftkulisse *f*
outlet bolt	Auslassschraube *f*
outlet connector	Abgangsverschraubung *f*, Auslassanschluss *m*
outlet non-return valve	Rückschlagventil am Auslass *n*
outlet pipe	Auslass- / Austrittsleitung *f*
outlet port	Auslaufkanal *m*
outlet pressure	Auslassdruck *m*
outlet valve	Ablassventil *n*
output	(abgegebene) Leistung *f*
output channel	Ausgangskanal *m*
output drive	Abtriebsseite *f*
output end	Kraftabtriebsseite *f*
output gear	Abtriebsritzel *n*
output jumper	Ausgangsanschluss *m*
output port	Ausgangskanal *m*
output rod	Ausgangsdruckstange *f*
output rod pip	Ausgangsdruckstück *n*
output shaft	Abtriebswelle *f*

output shaft with belt drive	Abtriebswelle mit Riementrieb *f*
output side of a relay	Ausgangsseite eines Relais *f*
output signal	Ausgangssignal *n*
output spindle case with guide unit	Abtriebsspindelgehäuse mit Führungseinheit *n*
output torque	Ausgangsmoment *n*
output voltage	Ausgangsspannung *f*
output wiring diagram	Schaltbild Ausgang *n*
outside the limits	außerhalb der Grenzwerte *m pl*
oval-head countersunk screw	Linsensenkschraube *f*
over the full range	über den gesamten Bereich *m*
over-centre	selbstzentrierend
overall height	Bauhöhe *f*
overcheck test plan	Prüfprogramm *n*
overdrive (O / D)	Overdrive, Schnellgang, zuschaltbarer Schongang *m*
overdrive ratio for fifth gear	Schongang als 5. Gang *m*
overfuelling	zu viel Kraftstoff *m*
overhauled engine	Tauschmotor, überholter Motor *m*
overhead camshaft	oben liegende Nockenwelle *f*
overhead gantry	Ladeportal *n*, Portalausführung *f*
overide a mode	Funktion übergehen / übersteuern *f*
overstroke	Soll-Weg, mehr als ~ *m*, verstärkter Kolbenhub *m*
overstroking	Überbelastung *f*

P

pace at a specific rate	takten mit vorgegebener Geschwindigkeit *f*
paced line	getaktete Linie *f*
pad *(cushion)*	Auflage *f*
pad glazing	Glänzigwerden des Bremsbelags *n*
pallet	Palette *f*, Werkstückträger *m*
pallet accelerator	Palettenbeschleuniger *m*
pallet back-up	Palettenstau *m*
pallet design	Palettenkonstruktion *f*
pallet entering switch	Initiatorabfrage einer Palette *f*
pallet fixture	Palettenaufnahme *f*
pallet latch	Rücklaufsperre einer Palette *f*
pallet locating device	Palettenpositionierung *f*
palletized tool store	Werkzeugspeicher auf einer Palette *m*
parallel fuel flow	paralleler Filterdurchfluss *m*
parallel port	Parallelanschluss *m*
parallel printer	Paralleldrucker *m*
parallelism	Parallelität *(Bremsscheibe) f*
parameter configuration	Konfiguration von Parameterfunktionen *f*
parameterization	Parametrierung *f*
parent bore	Grundbohrung *f*
park aid, park distance control (PDC)	Abstandspieper, (Ultraschall-)Einparkassistent *m* / -hilfe *f (Parktronic f, Park-Pilot m)*
park point base *(of a connector)*	Halterung für Grundstellung *f*
park(ing) brake	Feststellbremse *f*
part of week thereof	angefangene Woche *f*
partial dismantling	teilweise Zerlegung *f*
partial load	Teillast *f*
pass	IO-Status *m*
pass a test	Prüfung erfolgreich durchlaufen *f*
pass through	durchführen
pass to	weiterleiten
passage	Bohrung *f*, Durchlass, Kanal *m*
passageway	Bohrung *f*
passive anti-theft system (PATS)	passive Wegfahrsperre *f*
passive occupant detection system	passives Sicherheitssystem *(Fahrgastzelle) n*
patch	Manschette *f*
pawl	Sperrklinke *f*
peak	höchster Punkt *m*
peak cylinder pressures	Zylinderdruckspitze *f*
peak height	Spitzenhöhe *f*
pedal box	Pedaleinheit, Pedalerie *f*
pedal fully depressed	bei Vollgas, Pedal vollständig gedrückt *n*

pedal movement	Pedalspiel *n*
pedal pivot shaft	Pedalachse *f*
pedal position	Fahrpedalstellung *f*
pedal ratio	Pedalverhältnis *n*
pedal released position	Fahrpedal nicht betätigt *n*
pedal switch	Fahrpedalschalter *m*
pedestal	Bock *m*
peg screw	Stiftschraube *f*
per week	pro angefangener Woche *f*
perforated plate	Lochblech *n*
performance	Betriebsverhalten *(eines Motors) n*, Leistung, Leistungsfähigkeit *f*
performance chart	Leistungsdiagramm *n*
performance parameter	Leistungsparameter *m*
performance specification	Leistungsbeschreibung *f*
performance test	Funktionsprüfung *f*
peripheral condition	Randbedingung *f*
permanent bleeding	permanente Entlüftung *f*
permanent check on the validity of the readings taken	kontinuierliche Plausibilitätsprüfung der erfassten Werte *f*
permanently attached / fitted to the test stand	prüfstandsfest installiert
permissible	zulässig
permit the system to continue to operate as effective as possible	einen möglichst zuverlässigen Systembetrieb erlauben *m*
persist *(error, fault)*	weiterhin anliegen
persistent low power	permanent geringe Leistung *f*
petrol engine	Benzinmotor *m*
petrol variant	Fahrzeug mit Benzinmotor *n*
physical conversion	ein-ausgaben-bezogene Umrechnung *f*
piezo-injector	Piezo-Injektor *m*
piezoelectrical element	Piezo-Element *n*
piggyback system	Huckepacklösung *f*
pilot bar	Führungsdorn *m*
pilot run	Nullserie *f*
pilot voltage	Meldespannung *f*
pin	Steckstift, Zapfen *m*
pin (locking) tang	Pinsperre *f*
pin slider arrangement	Zapfenführung *f*
pinch bolt / screw	Klemmschraube *f*
Pintaux nozzle type	Pintaux-Düse *f*
pintle-type injector / nozzle	Nadel- / Zapfendüse *f*
pipe *(the vacuum)* into	leiten in
pipe connector	Rohranschluss *m*
piston crown	Kolbenoberseite *f*
piston end advance plug	Endverschlussschraube eines Kolbens *f*
piston movement	Kolbenweg *m*

piston pin bore	Kolbenbolzenauge *n*
piston pre-installation	Kolbenvormontage *f*
piston ring	Kolbenring *m*
piston rod	Kolbenstange *f*
piston top height / position	Kolbenüberstand *m*
piston travel	Kolbenbewegung *f*, Kolbenweg *m*
piston-pin circlip / locking ring	Kolbenbolzensicherungsring *m*
pitch	Teilung *f*
pitch circle	Lochkreis *m*
pitch diameter	Teilkreisdurchmesser *m*
pitted	vernarbt, zerfressen
pitting	Pitting *n*
pivot *(of a spindle)*	Drehachse *f*
pivot ball	Gelenkspindel *f*
pivot ball collar	Drehkugelring / -zapfenkragen *m*
pivot collar	Zapfenkragen *m*
pivot plug	Drehstopfen *m*, Gelenkschraube *f*, Gelenkstopfen *m*
pivot shaft bush	Tandemlagerbuchse *f*
pivoted	drehbar gelagert
place	anbringen
place the cam in the required position	Nockenring in die erforderliche Stellung bewegen *m*
plain indicator locating pin	zylindrischer Führungsstift *m*
plain nut	Universalschraubenmutter *f*
plain washer	glatte Unterlegscheibe *f*
plane of light	Lichtebene *f*
planning drawing	Projektzeichnung *f*
plant *(factory)*	Anlage *f*
plastic lug	Kunststoffzunge *f*
plate	Matritze *f*, Verstärkerblech *n*
plate diaphragm	Membranteller *m*
platen	Palette *f*, Werkstückträger *m*
plausibility test	Plausibilitätsprüfung *f*
PLC-ridge	SPS-Kamm *m*
plug a piping	Leitung absperren *f*
plug body	Steckerkörper *m*
plug gauge	Messdorn *m*
plug-in station	Einbauplatz *m*
plunger	Druck- / Fühlkolben, Ventilstößel *m*
pneumatic actuator	Pneumatikstellglied *n*
pneumatic circuit	Pneumatiksystem *n*
pneumatic cylinder	Pneumatikzylinder *m*
pneumatic schematic	Pneumatikschaltplan *m*
pneumatic screwdriver 3 / 8" square drive	Pneumatikschrauber Vierkant 3 / 8" *m*
pogo pin	Federkontaktstift *m*

point at which injection commences, point of commencement of injection in the engine cycle, point of injection	Einspritz- / Spritzzeitpunkt *m*
pointed tool	spitzes Werkzeug *n*
polarity-sensitive	polaritätsempfindlich
polytetrafluoroethylene (PTFE) gasket	Polytetrafluoräthylen-Dichtring *m*
poor connection	schlechter Anschluss *m*
poor idle	unrunder Leerlauf *m*
poppet valve	Ring- / Tellerventil *n*
popular car	gängiges Kraftfahrzeug *n*
popular parts	handelsübliche Teile *n pl*
Porsche active suspension management (PASM)	aktives Fahrwerk *(Porsche) n*
Porsche ceramic composite brake (PCCB)	Bremsanlage mit kohlefaserverstärkten Keramikbremsscheiben *(Porsche) f*
Porsche side impact protection system (POSIP)	passives Sicherheitssystem *(Porsche) n*
Porsche stability mangement (PAM)	Fahrdynamikregelung *(Porsche) f*
port	Anschluss, Kanal, Steckanschluss *m*
ported vacuum switch (PVS)	Unterdruckschalter *m*
position	anordnen, ausrichten, positionieren; Einbaulage, Position, Stellung *f*
position compensation	Stellungsausgleich *m*
position control	Positionsregelung *f*
position cylinder	Positionszylinder *m*
position indicator	Geber *m*
position marking	Positionsabsteckung *f*
position sensing	Positionsabfrage *f*
position sensor	Positionssensor, Wegaufnehmer *m*
position switch	Positionsschalter *m*
position with so.'s axis horizontal / vertical	etw. horizontal / vertikal ausrichten
positional fit	Einbauposition *f*
positional / positioning accuracy	Lagerichtigkeit, Positioniergenauigkeit *f*
positioning	Positionierung *f*
positioning bolt	Positionierbolzen *m*
positioning error	Positionierfehler *m*
positioning pin	Positionsstift *m*
positive	formschlüssig
positive graduate metering (PGM)	positive Messung *f*
positive voltage	Plusspannung *f*
post processing of data	Datenverarbeitung *f*
post-dress *(a test piece)*	abrüsten
post-heating sequence / system	Nachglühsystem *n*
pot depth of flywheel	Tiefe der Kupplungsaufnahme *f*
pot type flywheel	Schwungrad mit Kupplungsaufnahme *n*

power	Leistung *f*
power and free system *(conveyor system)*	Friktionsantrieb *m*
power-assisted brake system, power brake assembly, power braking system	Bremsassistent *m*
power cycle / stroke	Arbeitstakt eines Motors *m*
power input	Leistungsaufnahme *f*
power module	Versorgungsmodul *n*
power supply relay	Stromhalterelais *n*
power supply unit (PSU)	Netz(anschluss)gerät *n*
power switch	Netzschalter *m*
power take-off (PTO)	Abtriebskraft *f*
power take-off drive chain *(feed drive)*	Antriebskette *f*
power train	Antriebsstrang *m*
power transmission	Kraftübertragung *f*
power valve	Anreicherungsventil *n*
powertrain assembly	Aggregatemontage *f*
powertrain control module (PCM)	Motorsteuergerät *n*
powertthread clutch	höher ausgelegte Kupplung *f*
pre-acceptance test	Vorabnahme *f*
pre-amplifier	Vorverstärker *m*
pre-combustion chamber	Vorbrennkammer *f*
pre-crank state	Phase „Vorstart" *f*
pre-cranking	Anlassen *n*, Vorstart *m*
pre-crash safety system (PCS)	Insassenschutzsystem *n*
pre-crash sensor	Crash-Warnung *f*
pre-delivery inspection	Vorabnahme *f*
pre-determine	vorgeben
pre-determined limit	vorgegebener Grenzwert *m*
pre-dismantling test	Prüfen vor der Demontage *n*, Überprüfung vor dem Ausbau *f*
pre-dress	aufrüsten
pre-dress state	Anlieferzustand *m*
pre-filter	Vorfilter *m*
pre-heater control	Vorglühsteuerung *f*
pre-heater glow plug	Vorglühstift *m*
pre-heater indicator light control	Steuerung der Vorglühanzeige *f*
pre-heater indicator / warning light	Vorglühanzeige *f*
pre-heating (system)	Vorglühen *n*
pre-heating final stage	Endstufe Vorglühen *f*
pre-lift position	Vorhubstellung *f*
pre-load cap	Vorspannkappe *f*
pre-load spring	vorgespannte Feder *f*
pre-programmed	vorprogrammiert
pre-set	festlegen, vorgeben
pre-set program	vorprogrammierte Werte *m pl*
pre-starting phase	Anlassphase des Motors *f*

pre-stop	Voranschlag *m*
pre-stop loop / station	Warteschleife *f*
pre-test rotary station	Vordrehstation *f*
precise	genau
precision engineering	Präzisionstechnik *f*
predictive safety	vorausschauende Sicherheitssysteme *n pl*
prefabricated *(parts)*	vorgefertigt
prelim(inary) design	vorläufige Auslegung *f*
preliminary check / diagnosis / test	Vor(ab)prüfung *f*
preliminary parameterization	präliminäres Parametrieren *n*
premature failure	vorzeitiger Ausfall *m*
premature wear	vorzeitiger Verschleiß *m*
prescribed time	vorgeschriebener Zeitpunkt *m*
presence of air	Lufteintritt *m*
press *(push button)*	betätigen
press to dimension	pressen auf Maß *n*
press upwards	nach oben drücken
pressing	Einpressen *n*
pressure bleed kit	Entlüftungsvorrichtung *f*
pressure boost valve	Druckerhöhungsventil *n*
pressure buildup	Druckaufbau *m*
pressure change	Druckänderung *f*
pressure change measurement	Messung der Druckänderung *f*
pressure controlled boost pressure	druckabhängiger Ladedruck *m*
pressure controller	Druckregler *m*
pressure decay technique	Druckabfallverfahren *n*
pressure decay tester	Druckabfallprüfgerät *n*
pressure decay / decrease / drop	Druckabfall *m*
pressure end plug	druckseitig angebrachte Verschlussschraube *f*
pressure face	Druckfläche *f*
pressure feed	Druckzuführung *f*
pressure gauge	Druckmesser *m*
pressure gauge reading	Druck am Prüfgerät *m*
pressure in the circuit	Systemdruck *m*
pressure increase	Druckanstieg *m*
pressure intensifier	Druckmittelwandler / -übersetzer *m*
pressure leak-back	Druckrücklauf *m*
pressure loss	Druckverlust *m*
pressure reading	Druckanzeige *f*
pressure regulator	Druckregler *m*
pressure relief valve	Überdruckventil *n*
pressure reversing valve	Druckumsteuerventil *n*
pressure test	Druckmessung *f*
pressure tester	Druckprüfgerät *n*
pressurization	Anlegen von Druck *n*
pressurize	mit Druck auffüllen / beaufschlagen, Druck aufbauen *m*

pressurizing movement	druckerzeugende Bewegung *f*
pressurizing sequence	Druckaufbau *m*
preventive maintenance	vorbeugende Wartungsarbeiten *f pl*
previously set	voreingestellt
previously set limit	vorgegebener Wert *m*
primary plunger	Primärkolben *m*
prime	ansaugen, vorölen
prime a fuel system	Kraftstoffsystem zum Ansaugen bringen *n*
prime a low-pressure system	Niederdrucksystem anlassen / entlüften *n*
prime a pump	Pumpe zum Ansaugen bringen *f*
priming of a pump	Befüllen / Füllen einer Pumpe *n*
priming port	Füllbohrung *f*
principle of operation	Funktionsweise *f*
print a fault code	Fehlercode drucken *m*
printed circuit board (PCB)	Leiterplatte *f*
printed list of the test program	Ausdruck des Prüfprogramms *m*
printer cable	Druckerkabel *n*
printer logging	Druckprotokoll *n*
printer message	Druckerinformation *f*
prise away	wegdrücken
probe	Element zur Messung am Motor *n*, Sonde *f*
probing tool	Sondierungsgerät *n*
procedure	Verfahren *n*, Vorgehensweise *f*
process animation	Prozessanimation *f*
process variable	Zustandsgröße *f*
processing time	Abarbeitungszeit *f*
product source	Produktursprung *m*
production application(s)	Einsatz in der Produktion *m*
production count	Produktionszahlen *f pl*
production equipment	Produktionsmittel *n pl*
production line	Fertigungsstraße *f*
production on a random basis	Fertigung unabhängig von Losgrößen *f*
production system	Fertigungs- / Serienanlage *f*
production test machine / stand	Serienprüfstand *m*
profile	Konturlinie *f*, Störkonturen *f pl*
profile gasket	Profildichtung *f*
profiled plunger	Profilkolben *m*
program	programmieren, vorgeben; Programm *n*
program built-in to the PC	rechnereigenes Programm *n*
program execution	Programmausführung *f*
programmable logic(al) control / controller (PLC)	statistische Prozesssteuerung, speicherprogrammierbare Steuerung (SPS) *f*
programmed test time	programmierte Prüfzeit *f*
programmed value	vorgegebener Wert *f*
programming	Programmierung *f*
progressive low-load advance (LLAP)	progressive Leichtlastverstellung *f*
progressively advance the point of injection	Einspritzzeitpunkt progressiv verstellen *m*

project	hervorkragen
project design stage	Projektentwicklungsphase *f*
project procedure / schedule	Projektablauf *m*
project stage	Ausbaustufe eines Projekts *f*
prolonged test	Langzeitversuch *m*
prompt	Eingabeaufforderung *f*
prompts to the operator	Aufforderungen für den Bediener *f pl*
prongs	Klauen, Zacken *f pl*, Zinken *m pl*
proportional-integral-derivative (PID) control	Proportional-Integral-Differential-(PID)-Regelung *f*
proportional-integral-derivative (PID) controller	Proportional-Integral-Differential-(PID)-Regler *m*
protection cap	Konuseinsatz *m*, Schutzkappe *f*
protection collar	Schutzmanschette *f*
protection feature	Schutzfaktor *m*
protection sleeve	Schutzhülse *f*
protective grating	Schutzgitter *n*
protective guard with sensor monitored maintenance door	Schutztür *f*
protective sleeving	Isolierhülse, Schutzmuffe *f*
protractor	Winkelmessgerät *n*
protrude	herausragen
protrusion	Überstand *m*
provide	bereitstellen
provide a hand-grip	als Handgriff dienen *m*
provide a signal	Signal bereitstellen *n*
provide fuel	Kraftstoff fördern *m*
pull cord	Reiß- / Sicherheits- / Zugleine *f*
pull type clutch	Kupplung, deren Druckplatte intern auf Zug arbeitet *f*
pull-down system	Rückstellsystem *n*
pulley	Riemenscheibe *f*
pulling wire *(cable)*	Ziehstrumpf *m*
pulsation-low pump	pulsationsarme Pumpe *f*
pulse generator	Pulsgeber *m*
pulse signal	Impulssignal *n*
pulse width	Impulsbreite *f*
pulse width modulation (PWM)	Pulsbreitenmodulation *f*
pump blade	Pumpenblatt *n*
pump bolt-up	Pumpenjustierschraube *f*
pump centre-section	Mittelteil einer Pumpe *n*
pump connector	Pumpenstecker *m*
pump connector cover	Pumpensteckerdeckel *m*
pump delivery level	Fördermenge einer Pumpe *f*
pump housing	Pumpengehäuse *n*
pump inlet	Pumpeneinlass *m*
pump is timed on the engine	Einstellung Motor – Pumpe *f*

pump life	Lebensdauer einer Pumpe *f*
pump liner	Pumpenbuchse *f*
pump name plate	Typenschild einer Pumpe *n*
pump outlet	Pumpenauslass *m*
pump output	Pumpenförderdruck *m*
pump performance	Pumpenleistung *f*
pump plug	Pumpenstecker *m*
pump revolution	Pumpenumdrehung *f*
pump seizure	Festfressen von Pumpen *n*
pump speed	Pumpendrehzahl *f*
pump temperature	Pumpentemperatur *f*
pump timing ring	Drehzahlring einer Pumpe *m*
pump under test	zu prüfende Pumpe *f*, Pumpenprüfling *m*
pump vane	Pumpenflügel *m*
pump venting upgrade	Umrüsten der Pumpenentlüftung *n*
pump-mounted sensor	an der Pumpe angebrachter Sensor *f*
pumping element	Pumpelement *n*
pumping plunger	Pumpkolben *m*
pumping pressure	Förderdruck *m*
pumping rate	Pumpleistung *f*
pumping stroke	Förderhub *m*
punched plate	Lochplatte *f*
puncher	Formstempel *m*
punctual monitoring conveyor	Punktabfrage *f*
push apart	auseinanderdrücken
push fit	Aufsteckbolzen *m*
push out	herausdrücken
push rod	Stößelstange *f*
push the HLA during disassembly	manuelles Drücken des HVA während des Ausbaus *n*
push type clutch	Kupplung, deren Druckplatte intern auf Druck arbeitet *f*
push-off kit	Abdrückvorrichtung *f*
PWM current	pulsbreitenmodulierter Strom *m*

Q

quality feature	Qualitätsmerkmal *n*
quality critical process	qualitätskritischer Prozess *m*
quantified scope	Mengengerüst *n*
queuing for any of the various operations	Puffer für weitere Arbeitsgänge *m*
quick clamp	Schnellspanner *m*
quick-connect coupling	Schnellverschluss *m*
quotation drawing	Angebotszeichnung *f*

R

rack	Bock, Gestellrahmen *m*
(rack) yoke *(rack-and-pinion steering)*	Druckstück *n*
rack-and-pinion steering	Zahnstangenlenkung *f*
radiator	Kühler *m*
radiator cap	Kühlerdeckel *m*
radiator inlet port	Einfüllstutzen des Kühlers *m*
raised filler neck	erhöhter Füllstutzen *m*
raised lug	erhöhte Nase *f*
rake adjustment	Neigungsverstellung *(Lenkrad) f*
rake column	neigungsverstellbare Lenksäule *f*
ram pump	Staupumpe *f*
ramp gradient	Rampensteigung *f*
random access	wahlfreier Zugriff *m*
random access memory (RAM)	Direktzugriffsspeicher *m*
range	Bereich *m*
range monitoring *(conveyor system)*	Bereichsabfrage *f*
range of tolerance *(values meaured)*	Toleranzfeld *n*
range selector / switch	Bereichsschalter *m*
rapid-testing method	Kurzprüfverfahren *n*
ratchet *(for cranking)*	Knarre *f*
ratchet adjuster	selbstnachstellende Pedaleinstellvorrichtung *f*
rate	Ausbringungskapazität *f*
rate of speed	Änderungsgeschwindigkeit *f*
rating	Dimensionierung, Leistung *f*
re-cut *(thread)*	neu schneiden
re-orientate a transmission	Getriebe neu positionieren *n*
re-position	neu positionieren, umsetzen
reaction disk	Reaktionsscheibe *f*
reaction force	Auflagerreaktion *f*
reaction power	Abstützkraft *f*
read a fault code	Fehlercode lesen *m*
read Moby tag	Moby I lesen *n*
read pallet tag to identify an engine	einen Motor identifizieren *m*
read / write unit	Lese- / Schreibeinheit *f*
readily adaptable	leicht anzupassen
reading	Anzeige *f*, Wert *m*
reading actually measured	tatsächlich gemessener Wert *m*
ready for production	Produktionsbereitschaft *f*
'ready' signal	Bereitschaftsmeldung *f*
ready-to-fit *(components)*	vorgefertigt / -montiert
ready-to-fit kits	vorgefertigte Sätze *m pl*

real time 4WD system	Antrieb, bei dem im Normalbetrieb nur die Vorderräder arbeiten *m*
real-time status of transmission	Echtzeitstatus des Getriebes *m*, Getriebedaten in Echtzeit *pl*
rear (panel)	Rückseite *f*
rear brake	Hinterradbremse *f*
rear detection sensor	Heckaufprallsensor *m*
rear shell	Gehäusedeckel *m*
rear wall screws	Rückwandverschraubung *f*
reassembly	Wiedereinbau, Zusammenbau *m*
rebuild	Umbau *m*
rebuild to failures	auf Fehler umbauen *m pl*
recalculate	zurückrechnen
recess	Mulde, Vertiefung *f*
recessed	genutet
recharge	nachladen *(Batterie)*
reciprocating part	hin- und hergehendes Teil *n*
recommended dimension	Richtmaß *n*
reconditioned pump	überholte Pumpe *f*
reconnect	wieder anklemmen / anschließen
record	protokollieren, registrieren; Datensatz *m*
record a strategy on sth.	Strategie hinterlegen *f*
record a test result	Mess- / Prüfergebnis protokollieren / verzeichnen *n*
record of when faults occur	Zeitfolge des Auftretens von Fehlern *f*
record on the memory	im Speicher aufzeichnen *m*
recovery	Korrektur einer Funktion *f*
recovery mode	Notbetrieb *m*
recreate *(an error)*	reproduzieren
rectification	Nachbesserung *f*
rectification procedure / sequence	(Verfahren zur) Fehlerbeseitigung *f*
rectification work	Behebung einer Störung *f*
rectify a fault	Fehler beheben *m*
recuperating seal	Füllmanschette *f*
reduced capability to detect faults	reduzierte Fehlerermittlung *f*
reduced final dress state	Ablieferzustand *m*
reduced fuel delivery	reduzierte Kraftstoffmenge / -versorgung *f*
reduced performance	reduzierte Leistung *f*
reduced-performance mode	Notbetrieb mit reduzierter Leistung *m*
redundant checking	Redundanzprüfung *f*
reference	Bezug *m*
reference cylinder	Bezugszylinder *m*
reference element	Sollwertgeber *m*
reference number *(drawing)*	Positionsnummer *f*
reference point of evaluation	Festpunkt einer Auswertung *m*
reference value	Richtwert *m*
refill	Wiederbefüllung *f*

refinish	nacharbeiten
refit	wieder anbringen
refitment	Wiederverwendung *f*
refitment procedure	Wiedereinbau *m*
refurbish	nach- / umrüsten *n*
refurbishing of existing facilities	Ausbau vorhandener Anlagen *m*
refusing to start	vergeblicher Startversuch *m*
regulation parameter	Steuerparameter *m*
regulator orifice	Überströmbohrung *f*
regulator valve	Proportionalventil *n*
reject *(engine status after having failed a test)*	NIO-Status *m*
rejected engines, rejects	NIO-Motoren *m pl*
related / relative to	in Bezug auf *m*
relaxation time *(vibration)*	Abklingen *n*
relay is sticking	Relais ist verklebt *n*
release	freigeben, (aus)lösen, loslassen; Entlastung, Freigabe *f*
release a spark	Zündfunken auslösen *m*
release bearing	Ausrücklager *n*
release clutch	Rutschkupplung *f*
release fork / lever	Ausrückhebel *m*
release load	ausgekuppelter Zustand *m*
release plate	Ausrückplatte *f*
release quadrant	Ausrückquadrant *m* / -segment *n*
release shaft	Ausrückwelle *f*
release the ignition key	Zündschlüssel freigeben *m*
release the pedal	einkuppeln
release tool	Ausklinkvorrichtung *f*
released	betriebsbereit
released position	unbetätigte Stellung *f*
reliable	zuverlässig
relief connection	Entlastungsanschluss *m*
relief valve	Überdruckventil *n*
relieve *(pressure, stress)*	abbauen
remedy faults	Fehler beheben *m pl*
remote pipe	Zuleitung *f*
removable	abnehmbar
removal procedure	Ausbau *m*
removal tool, remover	Ausbauwerkzeug *n*
render inoperative	funktionsunfähig machen
renew a component	Teil erneuern *n*
repair	nacharbeiten
repair area / loop / station	Nacharbeitsbereich *m*, Reparaturzone *f*
repair guidance / instructions	Reparaturanweisungen *f pl*
repairable	reparabel
repairable pump	wartungsfähige Pumpe *f*

repeatability	Reproduzierbarkeit, Wiederholbarkeit *f*
repeatable measurement	wiederholbare Messung *f*
replace a component	Teil austauschen / -wechseln *n*
replaceable	auswechselbar
replacement value	Ersatzwert *m*
report	Protokoll *n*
reporting capabilities	Anzeige- / Meldemöglichkeiten *f pl*
request for action on the engine torque	Ansteuerung des Motordrehmoments *f*
requested condition, requirement	Vorgabe *f*
reserve	Vorhalt *m*
reset	umrüsten, zurücknehmen, (zu)rücksetzen
reset a mode	Funktion zurücknehmen *f*
reset a signal	Signal zurücksetzen *n*
reset force	Rückstellkraft *f*
reset sensors	Messanschlüsse zurücksetzen *m pl*
reset spring	Rückhol- / Rückstellfeder *f*
resetting time *(machinery)*	Umrüstzeit *f*
residual adjustment	Restanschlageinstellung *f*
residual error rate	Restfehlerrate *f*
residual oil	Restmenge Öl *f*
residual pressure	Restdruck *m*
respective	zugehörig
response time	Anlaufverhalten *n*, Ansprechzeit, Reaktionszeit *f*
response time for signals	Durchschaltzeit von Signalen *f*
response to control signals	Reaktion auf Steuersignale *f*
rest position	Ruhestellung *f*
restoring work	Rückmontage *f*
restriction (point) *(piping)*	Ein- / Verengung *f*
restrictor	Drossel *f*
result file	Ergebnisdatei *f*
resulting in	hervorrufen
resume	wieder aufnehmen
retain	blockieren
retain in position	in Position halten / sichern *f*
retained	arretiert
retainer	Anschlag, Federteller, Stützring *m*, Arretierung, Knarre, Ratsche, Sicherungshülse *f*
retainer poppet	Ventilhalter *m*
retainer securing protective cap	Haltebügel einer Schutzkappe *m*
retaining circlip	Sicherungsring *m*
retaining clip	Sicherungsklemme *f*
retaining lug	Halteklemme, Sicherungsfahne *f*
retaining pin	Halte- / Zylinderstift *m*
retaining plate	Halteplatte *f*
retaining screw	Feststellschraube *f*
retaining spring	Halte- / Sperrfeder *f*

retaining tag	Halteblech *n*
retaining tang	Befestigungsnase, Haltelasche *f*
retaining valve	Rückhalteventil *n*
retake a reading / test	Messung erneut vornehmen *f*
retard in crankshaft degrees	Nachverstellung in Kurbelwellengrad *f*
retard spring	Einstellfeder *f*
retard the advance piston	Verstellkolben abbremsen *m*
retard unit	Versteller *m*
retarding conveyor	Stauförderband *n*
retarding conveyor chain	Stauförderkette *f*
retention	Rückhaltung *f*
retest	erneut / wiederholt prüfen
retooling time *(pneumatic system)*	Umrüstzeit *f*
retract sensors	Messanschlüsse zurücksetzen *m pl*
retractor clip	Halteclip *m*
retrieve	wieder aufnehmen
retrofittable	nachrüstbar
return under warranty	während der Garantie reklamieren *f*
return flow circuit	Kraftstoffrücklauf, Rücklaufkreis *m*
return movement	Rücklauf *m*
return pipe	Rücklaufleitung *f*
return spring	Druck- / Rückhol- / Rückstell- / Rückzugsfeder *f*
return stroke	Rückhub / -lauf *m*
return valve	Rückflussventil *n*
revamping	Modifizierung *f*
reverse bleed	Umkehrentlüftung *f*
reverse gear test	Prüfen des Rückwärtsgangs *n*
reverse order	umgekehrte Reihenfolge *f*
reverse pull type clutch	Rückwärtskupplung *f*
reverse switch contact *(reverse gear)*	Umschaltkontakt *m*
reversible *(engine, valve plate)*	umschaltbar, umsteuerbar
reversible ratchet	Umschaltknarre *f*
reversing unit *(conveyor system)*	Eckumlenkung *f*
review internally	intern überprüfen
revise	korrigieren, überarbeiten
revised speed	korrigierte Drehzahl *f*
revolving turret	Drehturmspeicher *m*
rework	nacharbeiten
rework area / loop / station	Nacharbeitsbereich *m*, Reparaturzone *f*
rework engine	Tauschmotor *m*
right-hand engine mount	rechtes Motorlager *n*
rigid axis	robuste Achse *f*
rigid base fabrication	solide Konstruktion *f*
rigid blade	starres Blatt *n*
rigidity required for torque test	Steifigkeit für Drehmomentenmessung *f*
rigidly arranged	starr angeordnet

rigidly coupled	starr verbunden
rim	bördeln
ring bracket	Ringhalter *m*
ring dowel	Ringschraube *f*
ring main	Ringleitung *f*
ring main of oil	Hauptverteiler- / Ölring- / Ölverteilerleitung *f*
ripples	Wellenförmigkeit *f*
riser	Steigrohr *n*
road testing, road-test a vehicle	Probefahrt durchführen, Prüfung auf der Straße, *f*
robust design	Haltbarkeit *f*
rocker arm	Kipphebel *m*
rocker lever	Schlepphebel *m*
roll-off track *(conveyor system)*	Abrollbahn *f*
roll-over station	Wendestation *f*
roller conveyor	Rollenförderer *m*
roller tappet *(mechanical)*	Rollenstößel *m*
roller test stand	Rollenprüfstand *m*
roller testing	Prüfen auf dem Rollenprüfstand *n*
rollers and shoes	Rollen und Schuhe *pl*
rope seal	Dichtschnur *f*
rotary fuel injection pump	Verteilereinspritzpumpe *f*
rotary position of the cam ring	Umlaufposition des Nockenrings *f*
rotary pump	Kreiselpumpe *f*
rotary table	Dreh- / Rundtakttisch *m*
rotate facility	Drehvorrichtung *f*
rotating clutch	Drehkupplung *f*
rotating component	Drehteil *n*
rotating machinery	drehende Maschinenteile *n pl*
rotating storage system	Ringspeicher *m*
rotor	Anker, Läufer, Rotor *m*
rotor collar	Rotormanschette *f*
rotor core concentricity fault	Umlauffehler des Rotorkerns *m*
rotor drain	Rotorablass *m*
rotor feed	Rotorzulauf *m*
rotor monitoring signal	Rotorsteuersignal *n*
rough data	Rohdaten *pl*
rough engine running	rauer Motorlauf *m*
round trunnion	runder Zapfen *(am Ausrückhebel) m*
route measuring signals to a terminal plate	Messsignale auf eine Anschlussplatte führen *n pl*
routine service	regelmäßige Wartung *f*
rubber boot	Gummimanschette *f*
rubber insulator	Stegschlaufe *f*
rubber-supported *(suction pipe)*	gummigelagert
run a programm	Programm abarbeiten *n*
run a test	Prüfung durchführen *f*

run a test machine	Prüfeinrichtung betreiben *f*
run erratically	unregelmäßig laufen
run in ball bearings	kugelgeführt
run out	ausschlagen, Taumelschlag *(Bremsscheibe) m*
run out of fuel *(tank)*	leer fahren
run through the working speed range	Betriebsdrehzahlbereich durchlaufen *m*
run time	Bearbeitungszeit *f*
run-in	Warmfahren *n*
run-in station	Vordrehstation *f*
running condition	Kraftstoffzufuhr *f*
running engine	lauffähiger Motor *m*
running speed	Betriebsdrehzahl *f*
running through the start-stop cycles several times	Durchführen von mehreren Stopp-Start-Zyklen *n*

S

saddle	Schlitten *m*
safety beam	Lichtgitter *n*
safety bolt	Abscher- / Sicherungsbolzen *m*
safety circuit	Sicherheitsschaltung *f*
safety cover	Sicherheitsabdeckung *f*
safety critical components	sicherheitsrelevante Komponenten *f pl*
safety device	Schutzeinrichtung *f*
safety equipment	Sicherheitseinrichtungen *f pl*
safety feature	Sicherheitsfaktor *m*
safety footwear	Sicherheitsschuhe *m pl*
safety for drop-out	Abfallsicherung *f*
safety glasses	Schutzbrille *f*
safety hazard	Sicherheitsrisiko *n*
safety installation	Absicherung *f*
safety mat	Kombinationsmatte *f*
safety provision	Sicherheitsbestimmung *f*
safety switch	Schutz- / Sicherheitsschalter *m*
sample engine	Mustermotor *m*
sample pipe	Prüfanschluss *m*
sampling	Entnahme *f*
sampling data	Messwerte abtasten *m pl*
sandwich material	Mehrlagenmaterial *n*
satisfactory performance	Funktionstüchtigkeit *f*
scan	Abtastung *f*
scanning rate	Abtastrate *f*
scattered light from the spray passing through the light sheet	ausgeleuchtete Ebene des Sprühstrahls *f*
scattering	Serienstreuung *f*
schedule	Zeitplan *m*
schematic circuit diagram	Stromlaufplan *m*
schematic diagram	Prinzipdarstellung *f*
scissors-type elevator platform	Scherenhubtisch *m*
scope of delivery	Lieferumfang *m*
scored	beschädigt, zerkratzt
scoring	Riefenbildung *f*
screen	Bildschirm *m*, Bildschirmdarstellung *f*, (Filter-) Sieb *n*
screening *(electrical)*	Abschirmung *f*
screw and nut clamp	Schraubschelle *f*
screw in finger-tight	handfest einschrauben
screw mounting	Schraubenbefestigung *f*
screw-adjusted injector	Einspritzventil mit Einstellschraube *n*
screw-bolt connection	Bolzenverbindung *f*

screw-in injector	Schraubeinspritzventil *n*
screw-on	aufschraubbar
screwed end fitting	Schraubverbindung *f*
scribe line	Anrisslinie *f*
scriber	Reißnadel *f*
scroll link	Gestänge, Schneckengestänge *n*
seal	Dichtung *f*
seal leak test	Dichtigkeitsprüfung *f*
seal plate	Abschlussplatte *f*
seal quad-ring	Flachdichtring *m*
seal spring	Dichtungsfeder *f*
seal weld	Dichtnaht *f*
seal-match plate	Dicht(adaptier)platte *f*
sealant application	Aufbringen des Dichtmittels *n*, Dichtmittelauftrag *m*
sealant application onto the crankcase for oil pan assembly	Dichtmittel für Ölwannenmontage auf das Kurbelgehäuse auftragen *n*
sealant applicator	Dichtmittelapplikator *m*
sealant setting time	Aushärtezeit eines Dichtmittels *f*
sealed	versiegelt
sealing ball	Abdichtkugel *f*
sealing bead	Dichtmittelraupe *f*
sealing cylinder	Abdichtzylinder *m*
sealing lip	Dichtungslippe *f*
sealing plug	Dichtungsschraube, Verschlusskappe *f*
sealing ring	Dichtring *m*
sealing unit	Abdichteinheit, Dichtmitteleinheit *f*
sealing washer	Dichtscheibe *f*
sealing wire	Plombendraht *m*
seam	bördeln
seat tightness	Dichtigkeit eines Sitzes *f*
seating (face)	Auflagefläche *f*
secondary condition	Randbedingung *f*
secondary filter assembly	Sekundärfiltergruppe *f*
secondary injection	Sekundäreinspritzung *f*
secondary plunger	Sekundärkolben *m*
section crossmember	Querprofil *n*
securing bolt	Halteschraube *f*
securing tang	Haltelasche / -zunge *f*
sedimenter	Wasserabscheider *m*
segment *(conveyor system)*	Streckenführung *f*
segmental mask	Segmentmaske *f*
select	ansteuern, (aus)wählen
select a program	Programm wählen *n*
select a test plan	Prüfplan auswählen *m*
select a test program automatically	Prüfprogramm automatisch anwählen *n*
select a variant by default	Standardvariante auswählen *f*

select an injector	Einspritzventil ansteuern *n*
select to 0 V	auf 0 V schalten
selection	Ansteuerung, Auswahl *f*
selectively load a file	eine Datei gezielt holen *f*
selector (lever) lock	Wählhebelsperre *f*
selector cable	Schaltkabel *n*
selector fork	Schaltgabel *f*
selector lever	Wählhebel *m*
selector rod	Schaltstange *f*
selector switch	Um- / Wahlschalter *m*
selector-lever position indicator	Wählhebel-Stellungsanzeiger *m*
self-centring	in die Mittenstellung zurückkehren *f*
self-contained *(unsupported)*	freitragend
self-diagnosis system	Selbstdiagnosesystem *n*
self-locking nut	selbstsichernde Mutter *f*
self-test diagnostics	Selbsttestsystem *n*
self-venting	Selbstentlüftung *f*
sense	erfassen
sensing socket	Messbuchse *f*
sensitive electronic devices	empfindliche Elektronik *f*
sensitive to	empfindlich gegen
sensitivity of a multimeter	Ansprechvermögen eines Multimeters *n*
sensor	Aufnehmer, Messanschluss, Sensor *m*
sensor core	Sensoreinsatz / -kern *m*
sensor decoding	Sensordecodierung *f*
sensor decoding value	Dekodierwert eines Sensors *m*
sensor injector assembly	Nadelhubsensor-Einspritzventil *n*
sensor key	Sensorbolzen *m*
sensor pin	Sensorstift *m*
sensor signature	Kurvenform eines Signals *f*, Signalerscheinungsbild *n*
sensor strip	Abfrageleiste *f*
sensor support	Sensorträger *m*
sensors	Sensorik *f*
separator *(battery)*	Separator *m*
separator *(conveyor system)*	Vereinzelung *f*
separator kit	Trennvorrichtung *f*
sequence	Abfolge, Folge *f*, Verfahren *n*
sequential access	sequentieller Zugriff *m*
sequential control	Ablaufsteuerung *f*
serial interface	serielle Schnittstelle / Verbindung *f*
serial port	serieller Anschluss *m*
serial printer	Seriendrucker *m*
series	Baureihe *f*
series battery strings	reihengeschaltete Batteriezellen im Strang *f pl*
series engines	Produktionsmotoren *m pl*
series fuel flow	einfacher Filterdurchfluss *m*

series spread / variance	Serienstreuung *f*
serious fault	schwerwiegender Fehler *m*
serrated	geriffelt, gezahnt
service	instand setzen, warten; Instandsetzung, Wartung *f*
service brake	Betriebsbremsanlage *f*
service cap	Prüfdeckel *m*
service equipment	Reparaturausrüstung *f*
service fix	regelmäßiger Service *m*
service interval	Wartungsintervall *n*
service kit	Reparatursatz *m*
service period	Wartungsintervall *n*
service test kit	Prüfausrüstung *f*
serviceable	wartungsfähig
serviced injector	überholtes Einspritzventil *n*
servicing	Wartung *f*
servicing period	Wartungsintervall *n*
servicing purpose	Wartungszweck *m*
servo-assisted brake system	Bremsassistent *m*
servomechanism *(test equipment)*	Abgleichsvorrichtung *f*
session	Prüflauf / -plan *m*
set	einstellen, kalibrieren
set initially to specification	entsprechend der Spezifikation einstellen *f*
set the wheels in the straight-ahead position	Räder geradeaus einschlagen *n pl*
set up parameters	Parameter festlegen *m pl*
set-theoretical	mengentheoretisch
set-up	Ausgangsbedingungen *f pl*
set-up height	Aufspannhöhe *f*
set-up time	Anlaufverhalten *n*, Aufrüst- / Aufspannzeit *f*
setting	Einstellung, Kalibrierung *f*
setting gauge	Einstellmeister *m*
setting module	Parameterisierungsmodul *n*
setting of stops on the pump	Verstellhebelanschlag *m*
setting outfit	Einstellvorrichtung *f*
setting plan	Einstellprogramm *n*
setting procedure	Einstell- / Kalibrierverfahren *n*
setting-up mode	Einrichtbetrieb *m*
setting-up of the test bench	Einstellungen des Prüfstands *f pl*
setting-up time *(machinery)*	Umrüstzeit *f*
settings	Einstellwerte *m pl*
settle	einregeln
severest operating condition	extreme Betriebsbedingung *f*
shaft	Welle *f*
shaft (sealing) ring	Wellendichtring *m*
shaft-locking screw	Wellenschraube *f*
shake the electrical harness	Wackeln am Kabelbaum *n*
shallow glass bowl of a filter	Flachglastopf eines Filters *m*

sharply reduced exhaust emission	minimale Schadstoffemission *f*
shear pin	Abscherbolzen *m*
shear screw	Abscherschraube *f*
sheared	abgeschert
shearing collar	Abscherring *m*
shearing valve	Abscherventil *n*
shell-type bush	Aufsteckhülse *f*
shielding towards *(electrical)*	Abschottung *f*
shift analysis curve	Schaltkurve *f*
shift effort	Schaltaufwand *m*
shift feeling	Schaltgefühl *n*
shift force measurement	Schaltkraftmessung *f*
shift lever gaiter	Schalthebel-Faltenbalg *m*
shift linkage	Wählhebelgestänge *n*
shift mat *(airbag)*	Schaltmatte *f*
shift rod	Schaltgestänge *n*
shift selector	Wählhebel *m*
shift solenoid / valve	Schaltventil eines Getriebes *n*
shift-by-wire	Schalten per Side-Stick *n*
shifting cable	Schaltkabel *n*
shifting gate	Schaltkulisse *f*
shifting through all gears	Schalten durch alle Gänge *n*
shim	Ausgleichs- / Einstell- / Zwischenscheibe *f*
shim range(s)	Größe von Ausgleichsscheiben, Scheibengröße, *f*
shim thickness	Einstellscheiben- / Scheibenstärke *f*
shim-adjusted injector	Einspritzventil mit Ausgleichsscheiben *n*
shock-absorbing strut	Federbein *n*
shoe jacket	Backenfutter *n*
shoe plate	Backenscheibe *f*
shop air supply	Arbeitsluftversorgung *f*
short block	Rumpfmotor *m*
short block assembly	Fließ- / Rumpf- / Shortblock-Montage *f*
short distance radar	Abstandsradar *n*
short signal actuator *(control system)*	Punktabfrage *f*
short-circuit	Kurzschluss *m*
short-circuit valve	Bypass- / Kurzschluss- / Überbrückungsventil *n*
short-to-battery voltage	Batterieschluss *m*
short-to-ground	Erdschluss *m*
shoulder	Ansatz, Flansch *m*
show as a percentage	in Prozent anzeigen *n*
shut-off bar	Führung *f*
shut-off valve closing command	Signal des Abschaltventils *n*
shuttle *(conveyor system)*	Schiebetischspeicher *m*
shuttle conveyor	Quer- / Shuttleförderer *m*
side detection sensor	Seitenaufprallsensor *m*

side face	Seitenfläche *f*
side-mounted	seitlich angebracht
side-stick	Bedienhebel für Drive-by-Wire-Technologie *m*
sideways	seitlich; zur Horizontalen geneigt *f*
sight glass	Sichtglas *n*
signal	Meldung *f*, Signal *n*
signal copy	Signalkopie *f*
signal element	Meldebaustein *m*
signal processing	Signalaufbereitung *f*
signal processing rack	Signalaufbereitungsgestell *n*
signal processing unit	Signalverarbeitungseinheit *f*
signal status 'up'	Aufwärts- / Additiv-Status eines Signals, Signal-Status „aufwärts“ / „additiv“ *m*
signal transmission speed	Geschwindigkeit der Signalübertragung *f*
signal variation	Signalabweichung *f*
signalling contact	Meldekontakt *m*
signalling function	Signalwirkung *f*
signalling-circuit voltage	Meldespannung *f*
signature	Kurve, Messkurve *f*
signature spread	Streubreite von Kurven *f*
significant dirt ingress	ständige Verschmutzung *f*
silencer *(filter)*	Filzscheibe *f*
single bowl filter	Einfachtopffilter *m*
single bowl version	Einfachversion eines Filtertopfes *f*
single electrical microswitch arrangement	Einfach(mikro)schalter *m*
single filter head	Einfachfilterkopf *m*
single injection images and data	Einzeleinspritzverteilung *f*
single line diagram	Übersichtsschaltplan *m*
single port	Einzelanschluss *m*
single pull clutch	Einscheibenkupplung mit Druckplatte, die intern auf Zug arbeitet *f*
single-bed / multi-bed key	ein- / mehrnutiger Schlüssel *m*
siphoning	Entleeren *n*, Rücklauf *m*
site equipment	Betriebsanlagen *f pl*
size	dimensionieren
slacken *(screw)*	lösen
slave battery	Hilfsbatterie *f*
slave cylinder	Nehmerzylinder *m*
sleeve pipe	Schutzrohr *n*
sleeve, sleeving	Anschlaghülse, Buchse, Hülse, Muffe, Stufenhülse *f*
slide bracket	Schlittenträger *m*
slideable elevating platform	fahrbarer Hubtisch *m*
slider bar	Führungsstange *f*
sliding element *(steering shaft)*	Schiebestück *n*
sliding table including wait loop (conveyor system)	Schiebetischspeicher *m*

slip-on bevel gear	Kegelradaufsteckgetriebe *n*
slip-on bush	Aufsteckhülse *f*
slot	Nut *f*, Steckplatz *m*
slow return	langsamer Rücklauf *m*, langsame Rückführung *f*
small end of conrod	Pleuelauge *n*
small overall dimensions	kleine Baugröße *f*
smoke correction	Blaurauchkorrektur *f*
smoke correktion delivery	Einspritzmenge bei Blaurauchkorrektur *f*
smoky exhaust	Blaurauch *m*
smooth bore	glatte Bohrung *f*
smooth gear shift	müheloses Schalten *n*
smoothly bored pipe	Leitung mit glatten Bohrungen *f*
snap connector	Schnappstecker *m*
snap-in valve	Steckventil *n*
snap-on seal	Schnappdichtung *f*
snap-ring	Sicherungsring *m*
snapshot mode	Betriebsart „Speicherauszug" *f*
snatch *(mechanical)*	scharf ansprechen
snatching	Eingriff in den Motorbetrieb *m*
snubber *(AE)*	pneumatischer Pulsationsdämpfer *m*
snubber valve	Reduzierventil *n*
Society of Automotive Engineers (SAE)	Vereinigung der Automobilingenieure (USA) *f*
socket	Buchse *f*, Druckstück *n*, Steckhülse *f*, Steckschlüssel *m*
socket-headed screw	Zylinderschraube *f*
soft-faced mallet	Gummihammer *m*
software expansion	Softwareerweiterung *f*
solenoid actuator	Magnetstellglied *n*
solenoid continuity test	Funktionstest eines Magnetschalters *m*
solenoid control	Magnetventilsteuerung *f*
solenoid control of advance override	Magnetventilsteuerung für die Kaltleerlauffrühverstellung *f*
solenoid valve	Magnetventil *n*
solenoid valve drive	Magnetventilantrieb *m*
solenoid valve with pneumatic spring	Magnetventil mit Luftfeder *n*
solenoid-operated	elektromagnetisch betätigt
solid flywheel	Standardschwungrad *n*
solid-state ceramic heater element	monolithisches Keramikheizelement *n*
solid-state relay	Festkörperrelais *n*
solid-state unit	Festkörperaggregat *n*
soot filter	Rußpartikel-Filtersystem *n*
sound power level	Schallintensität *f*
sound pressure level	Schalldruckpegel *m*
space allowance	Platzvorhalt *m*
space is at premium	Platz ist äußerst knapp bemessen *m*
space requirement	Platzbedarf *m*

spacer	Distanz- / Passscheibe *f*
spacer bolt	Stehbolzen *m*
spacing	Abstand *m*
spacing collar	Zwischenring *m*
span	Bereich *m*
spare capacity	Reserve *f*
spare fuse	Ersatzsicherung *f*
spares list	Ersatzteilliste *f*
spark	Zündfunken *m*
spark at the correct point in time	zum richtigen Zeitpunkt zünden *m*
spark plug	Zündkerze *f*
spark plug boot	Zündkerzenstecker *m*
spark plug cable	Zündkabel *n*
spark plug gap	Elektrodenabstand *m*
spark plug insulator	Zündkerzenisolator *m*
special features	Sonderausführung / -ausrüstung / -ausstattung *f*
special owner requirements	spezielle Anforderungen eines Betreibers *f pl*
special tool	Spezialvorrichtung *f*, Spezialwerkzeug *n*
specific feature	spezifisches Merkmal *n*
specific programmed instruction	programmierte Anweisung *f*
specification	Lastenheft *n*, Spezifikation, Vorgabe *f*
specification of a vehicle	Auslegung eines Fahrzeugs *f*
specified	spezifiziert, vorgegeben
specified delivery	vorgegebene Kraftstoffmenge *f*
specified demand	Soll *n*
specified diameter	Solldurchmesser *m*
specified output	garantierte Leistung *f*
specified size	Sollmaß *n*
specified value	vorgegebener Wert *m*
specifiy	festlegen, vorgeben
specify parameters	Parametrieren *n*
speed 'event' *(point at which a pump or engine speed signal is passed to the DCU)*	Drehzahl-„vorgang" *m (Punkt, an dem ein Pumpen- oder Motordrehzahlsignal zur DCU gesendet wird)*
speed consumption	Drehzahlaufnahme *f*
speed governor	Drehzahlregler, Geschwindigkeitsbegrenzer *m*
speed limit	Drehzahlgrenze *f*
speed range	Drehzahlbereich *m*
speed reading	Drehzahlanzeige *f*
speed sensor	Drehzahlsensor *m*
speed setting	Drehzahleinstellung *f*
speed-change lever	Schalthebel *m*
speed-controlled advance piston	drehzahlgesteuerter Verstellkolben *m*
speed-dependent fuel injection pump	drehzahlabhängige Kraftstoffeinspritzpumpe *f*
speedo gear	Tachoantriebsrad *n*
spherical bearing	Kugellager *n*

spider adapter	Spinnenadapter *m*
spigot	Drehzapfen, Lagerzapfen *m*
spigot nut	Überwurfmutter *f*
spike leakage	Spitzenstreuung *f*
spikes *(high pressure)*	Spitze *f*
spill	überströmen
spill pan	Auffangwanne *f*
spill tray	Auffangwanne *f*
spillages of fluids in the test area	Flüssigkeitsrückstände im Prüfbereich *m pl*
spillback	zurückströmen
spilt fuel	verspritzter Kraftstoff *m*
spin test	Spintest *m*
spin-on filter	Steckfilter *m*
spin-type filter	Schraubfilter *m*
spindle	Spindel, Welle *f*
spindle case	Lagergehäuse *n*
spindle socket	Spindelbuchse / -steckhülse *f*
spiral	Biegefeder *f*
spiral lock	Kolbenbolzensicherung *f*
spirals	Verschlussstege *m pl*
splash shield	Ablenkblech *n*
splash-oil lubrication	Schleuderschmierung *f*
spline(d) drive(s)	fest gelagerter Antrieb, Keilwellenantrieb *m*
splines	Keil- / Kerb- / Vielkeilverzahnung *f*
split of work	Leistungsabgrenzung *f*
split torque cover assembly	zweiteilige Druckplatteneinheit *f*
spool assembly *(transmission)*	Kolbeneinheit / -gruppe *f*, Ventilkolben *m pl*
spool linkage	Kolbengestänge *n*
spool piece *(pump)*	Passstück *n*
sports utility vehicle (SUV)	„alltagstaugliches" Geländefahrzeug *n*
spot face	anfräsen, anspiegeln
spot-face	Ansenkung *f*
spray	Spritz- / Sprühstrahl *m*
spray development	Spritzstrahlentwicklung *f*
spray formation / pattern	Spritzbild *n*
spray hole	Einspritzloch *n*
spray hole arrangement	Anordnung der Einspritzlöcher *f*
spray of great penetration capability	Schneidstrahl *m*
spray pattern analysis	Spritzbildanalyse *f*
spread in characteristics	Serienstreuung *f*
spreadsheet	elektronisches Arbeitsblatt *n*
spring 'surge'	Feder„stoß" *m*
spring cap	Federteller *m*
spring cup	Federsitz *m*
spring end components	federseitig angebrachte Komponenten *f pl*
spring end stop	Federverschluss *m*
spring guide	Federführung *f*

spring leg	Federschenkel *m*
spring pin	Federstift *m*
spring plate	Federscheibe *f*, Federteller *m*
spring retainer	Federteller *m*
spring seat	Federsitz *m*
spring seat pad	Federauflage *f*
spring stop	Federanschlag *m*
spring washer	Federring *m*
spring-loaded catch	Schnapper *m*
spring-loaded spool assembly	federbelastete Kolbeneinheit *f*
springs of different rates	Federn mit unterschiedlicher Wirkung *f pl*
sprocket	Ketten(zahn)rad *n*
sprung centred drive plate	federzentrierte Kupplungsscheibe *f*
spur *(conveyor system)*	Führung *f*
square wave signal	Rechtecksignal *n*
squeeze *(a bulb pump)*	betätigen
stability and traction control system	Fahrdynamiksystem *n*
stability of a system	Systemstabilität *f*
stabilization *(engine)*	Ballast *m*
stabilization period / time	Setz- / Stabilisierungszeit *f*
stabilization slide *(engine)*	Stützschlitten *m*
stabilizator	*(hydraulische)* Niederhaltung *f*
stabilize an engine at 100 rpm	Motor hochfahren auf 100 U / min *m*
stabilizer probe	Gegenlage, Konterstütze *f*
stabilizers *(engine)*	Stützschlitten *m*
stabilizing of meter readings	Stabilisierung der Prüfgeräteanzeige *f*
stable	kippsicher
stable test condition	stabile Prüfbedingung *f*
stack	Kamin *m*
stall	Motor abwürgen *m*
stall speed	Festbremsdrehzahl *f*
standard filter	Standardfilter *m*
standard profile	Bezugsprofil *n*
standby	betriebsbereit
standby power battery	Puffer- / Speicherbatterie, Standby-Batterie *f*
standpipe	Standrohr *n*
start a test cycle	Prüfzyklus beginnen *m*
start drive rotation	Beginn langsamer Antrieb *m*
start up menu	Startmenü *n*
start-retard function	Startverzögerung *f*
start-up procedure	Inbetriebnahme *f*
start-up response	Anlaufverhalten *n*
starter	Anlasser *m*
starter check	Überprüfung des Anlassers *f*
starter motor	Anlassermotor *m*
starter ring gear	Anlasserzahnkranz *m*
starting fuel delivery requirement	für den Start erforderliche Kraftstoffmenge *m*

starting position	Startstellung *f*
starting sequence	Startphase *f*, Startvorgang *m*
starting torque	Anzugsdrehmoment *n*
starving injection equipment	Ausfall der Einspritzanlage *m*
state-of-charge *(battery)*	Ladezustand *m*
static advance	statische Vorzündung *f*
static oil pressure	statischer Öldruck *m*
static state	Statikzustand *m*
static test	Standtest *m*
static timing device	statischer Spritzversteller *m*
stationary assembly	Standmontage *f*
statistics package	Statistikpaket *n*
stay bolt	Stehbolzen *m*
steel washer	Stahlscheibe *f*
steep edges / transients	schnelle Transienten *m pl*
steer-by-wire	Lenken per Side-Stick *n*
steering angle	Lenkeinschlag, Lenk(rad)winkel) *m*
(steering) angle sensor	Lenkwinkelsensor *m*
steering column	Lenksäule *f*
steering column assist	Hilfskraftlenkung *f*
steering gear	Lenkgetriebe *n*
steering linkage	Lenkgestänge *n*
steering pump	Lenkhilfpumpe (LHP) *f*
(steering) rack	Zahnstange *(Lenkung) f*
steering roll radius	Lenkrollradius *m*
steering shake	Spurhaltigkeit *f*
steering spindle	Lenkspindel *f*
(steering) tie rod	Lenkspurstange *f*
stem locks	Ventilkeile *m pl*
step feeder	Stufenförderer *m*
step gauge	Messstufenblock *m*
steppper motor	Schrittmotor *m*
stick *(valve)*	hängen bleiben
stop	Abbruch, Anschlag *m*
stop block	Anschlagblock, Festanschlag *m*
stop bolt	Anschlagbolzen *m*
stop bracket	Anschlagkonsole *f*
stop control solenoid	elektromagnetisches Abschaltventil *n*
stop drive rotation	Antriebsstopp *m*
stop face	Anschlagfläche *f*
stop light switch	Bremslichtschalter *m*
stop plate	Anschlagplatte / -scheibe *f*
stop plug	Anschlagschraube *f*
stop quickly, smoothly and under control	schnell, effektiv und kontrolliert stoppen
stop rail	Anschlagleiste *f*
stop screw	Anschlag- / Sperrschraube *f*
stop solenoid	Magnetabsperrventil *n*

stop solenoid plunger	Magnetabsperrventilkolben *m*
stop washer	Anschlagscheibe *f*
stopped condition *(fuel)*	Kraftstoffabschaltung *f*
storage tank	Vorratstank *m*
storage tray	Ablage *f*
store a fault code	Fehlercode speichern *m*
store a test result	Messergebnis speichern *n*
storing facilities	Speicherutensilien *pl*
stove painting	Einbrennlackierung *f*
'Stow'n Go'	„verstauen und losfahren"
straight conveyor section	Längsband *n*
straight load	Längslast *f*
strain	beanspruchen
strategy recorded on the DCU	in der DCU hinterlegte Strategie *f*
stratified-charge operation	Schichtladebetrieb *m*
streak of a spray	Schliere eines Spritzstrahls *f*
stroke	Hub, Weg *m*
stroke metering	Wegmessung *f*
stroke-arresting device	Hubbegrenzung *f*
structure of user programs	Aufbau von Anwenderprogrammen *m*
structure-borne noise analysis	Körperschallmessung *f*
stubborn injector	fest sitzendes Einspritzventil *n*
stubshaft	Abtriebsflansch *m*
stud	Stehbolzen *m*
studlock compound	Dehnstoff-Schraubenbolzen *m*
sub-operation	Unterposition in der Arbeitsfolge *f*
subassembled supplies	vorgefertigte Baugruppen *f pl*
subassembly	Baugruppe *f*
subassembly line	Vormontageband *n*
subframe	Unterbau *m* / -gestell *n*
subject to changes without prior notice	Änderungen vorbehalten *f pl*
submit a warranty claim	während der Garantie reklamieren *f*
subordinate control system	unterlagerte Steuerung *f*
subrack	Baugruppenträger *m*
substitute value	Ersatzwert *m*
substituting parameter	Ersatzparameter *m*
successive	aufeinander folgend
suction feed	Saugförderung *f*
suction feed system	Sauganlage *f*, Saugsystem *n*
suction head	Förderhöhe *f*, Saugmodul *n*
suction manifold / pipe	Saugrohr *n*
sump mating face	Ölwannendichtfläche *f*
supplementary restraint system (SRS)	Sicherheitssystem *(mit Airbag) n*
supply	bereitstellen; Versorgung, Zuführung *f*
supply and draining systems	Ver- und Entsorgung *f*
supply circuit	Versorgungskreis *m*
supply fuel	Kraftstoff fördern *m*

supply line	Versorgungsleitung *f*
supply passage	Versorgungskanal *m*
supply pipe	Versorgungsleitung *f*
supply pressure	mit Druck beaufschlagen *m*
supply test medium	beaufschlagen mit Prüfmedium *n*
supply voltage	Versorgungsspannung *f*
support	Auflage *f*, Montagebock *m*
support bracket	Halterung, Stützkonsole *f*, Stützwinkel *m*
support location	Abstützpunkt *m*
support plate	Aufnahme- / Montageplatte *f*
support screw	Befestigungsschraube *f*
support tube	Stützrohr *n*
supported drive gear	Antriebsrad *n*
supported pump	innengelagerte Pumpe *f*
supporting column	Auflageständer *m*
supporting rack	Endgestell *n*
supporting steelwork	Stahlstützen *f pl*
surface finish	Oberflächengüte *f*
surge *(speed, voltage)*	schwanken
surge limit	Pumpgrenze *f*
surging voltage	Stoß- / Überspannung *f*
susceptible to	empfindlich gegen
suspect component	fehlerverdächtiges Teil *n*
suspension damper	Aufhängungsdämpfer *m*
swarf	Späne *m pl*
swept volume	Hubraum *m*
swirl chamber	Wirbelkammer *f*
swirl valve	Wirbelventil *n*
switch assembly	Schalterbauteil *n*
switching element	Schaltelement *n*
symmetrically positioned	symmetrisch angeordnet
synchromesh action	Synchronisierungsvorgang *m*
system *(equipment, line)*	Anlage *f*
system control	Systemsteuerung *f*
system duty	Auslastung einer Anlage *f*
system is a derivative of a conventional system	System, entwickelt auf der Basis eines herkömmlichen Systems *n*
system monitoring	Systemüberwachung *f*
system upgrade	Systemerweiterung *f*

T

tab	Lasche *f*
tab on the transmission case	Getriebegehäusehalterung *f*
table washer	Sicherungsscheibe *f*
tachometer output	Signal Drehzahlmesser *n*
tag	etikettieren; Anschlussfahne *f*, Etikett *n*
tagging *(machine-reading)*	Etikettierung *f*
tailored blank	maßgeschneidertes Blech *n*
take a reading	Anzeige ablesen *f*
take the foot off the pedal	Fuß vom Gaspedal nehmen *m*
take-off connection	Anschlussstutzen *m*
take-off pipe	Austritts- / Saugleitung *f*
tamper with engine components	zu schaffen machen an Motorteilen *n pl*
tampering	unbefugter Eingriff *m*
tamperproof	verplombt
tang	Blechlasche, Lasche, Nase *f*, Sicherungsring *m*, Sperre *f*, Zapfen *m*
tang drive	Zapfenantrieb *m*
tangential stress	Ringspannung *f*
tank bottom	Tankboden *m*
tank header reservoir	Tankausgleichsbehälter *m*
tank implosion	Tankimplosion *f*
tank lagging	Tankisolierung *f*
tank level	Tankniveau *n*
tank vent	Tankentlüftung *f*
taper	Kegel *m*
taper pin	Kegelstift *m*
tapered	konisch ausgelegt
tapered bore / collar	konische Bohrung *f*
tapered ring	Kegelring *m*
tapered roller bearing	Kegelrollenlager *n*
tappet	Tassenstößel *m*
tapping *(steam, water)*	Entnahme *f*
tappings	metallische Schlacke *f*
technical design and manufacturing standard	technischer Standard für Entwicklung und Fertigung *m*
technical specifications	allgemeine technische Daten *pl*
telescope column	Teleskop-Lenksäule *f*
temperature control	Temperaturregelung, Temperierung *f*
temperature measurement	Temperaturmessung *f*
temperature-dependent error	temperaturabhängiger Messfehler *m*
temporary bolt	Montagebolzen *m*

temporary shut-off of the air-conditioning compressor	temporäre Abschaltung der Klimaanlage *f*
tension gauge	Messgerät für die Riemenspannung *n*
tension pin	Spannstift *m*
test	messen, prüfen; Messung, Prüfung *f*, Test *m*
test apparatus	Prüfgerät *n*
test area	Prüfbereich *m*
test bench	Prüfstand *m*
test bench bed	Prüfstandsbett *n*
test bench operation	Prüfstandsbetrieb *m*
test block	Prüfblock *m*
test capabilities	Prüfmöglichkeiten *f pl*
test circuit	Prüfkreis *m*
test condition	Prüfbedingung *f*
test cycle	Prüfzyklus *m*
test cycle step	Phase des Prüfzyklus *f*
test cycle steps *(pump)*:	Phasen eines Prüfzyklus *(Pumpe)*: *f pl*
filling	Füllen
balance	Abstimmen
test	Prüfen
test data	Prüfdaten *pl*
test device	Prüfeinrichtung *f*
test duration / period	Prüfdauer *f*
test element	Prüfelement *n*, Prüfschritt *m*
test equipment	Prüfausrüstung- / einrichtung *f*, Prüfgerät *n*
test facility	Prüfeinrichtung *f*
test fixture	Prüfvorrichtung *f*
test fixture design	Auslegung einer Prüfvorrichtung *f*
test fluid	Prüfflüssigkeit *f*, Prüfmedium *n*
test for correct function	überprüfen auf korrekte Funktion *f*
test limits	Prüfgrenzen *f pl*
test machine	Prüfstand *m*, Prüfeinrichtung *f*
test medium	Prüfflüssigkeit *f*, Prüfmedium *n*
test method	Prüfverfahren *n*
test mode	Prüfmodus *m*
test oil	Prüföl *n*
test parameter	Prüfparameter *m*
test piece	Prüfling *m*
test plan	Prüfplan *m*
test pneumatics	Prüfpneumatik *f*
test pressure	Prüfdruck *m*
test procedure	Prüfablauf *m*, Prüfverfahren *n*
test program	Prüfplan *m*, Prüfprogramm *n*
test repeatability	Prüfwiederholbarkeit *f*
test report	Mess- / Prüfprotokoll *n*
test requirement	Prüfanforderung *f*
test result	Mess- / Prüfergebnis *n*

test rig	Prüfstand *m*
test run	Prüf(ab)lauf *m*
test separately	getrennt prüfen
test sequence	Prüfablauf *m*, Prüffolge / -sequenz *f*
test series	Messkette *f*
test set-up	Prüfaufbau *m*
test signal	Messsignal *n*
test software	Prüfsoftware *f*
test speed	Prüfdrehzahl *f*
test stand	Prüfstand *m*
test stand computer	Prüfstandsrechner *m*
test stand control system	Prüfstandssteuerung *f*
test stand design	Prüfstandsauslegung *f*
test stand piping	Verrohrung zum Prüfstand *f*
test stand sensors	Prüfstandssensorik *f*
test stand sequence	Prüfstandssequenz *f*
test status	Prüfstatus, aktueller Prüfvorgang *m*
test step	Prüfelement *n*, Prüfschritt *m*
test system shut-off	Abschalten der Prüfanlage *n*
test temperature	Prüftemperatur *f*
test unit	Prüfgerät *n*
test voltage	Prüfspannung *f*
tester	Messinstrument, Prüfgerät *n*
testing operations	Prüfbetrieb *m*
text file	Textdatei *f*
thermal management	Wärmeregulierung *f*
thermal stress	Wärmespannung *f*
thermally efficient	wärmeeffizient
thin-nosed pliers	Spitzzange *f*
thixotropic property *(the property of various gels of becoming fluid when disturbed by shaking)*	thixotrope Eigenschaft *f (Eigenschaft einiger Gele, beim Rühren flüssig zu werden)*
thread offset by 30°	Gewinde um 30° gedreht *n*
threaded pre-load spring	vorgespannte Gewindeschraube *f*
three-bay cabinet	dreiteiliger Schaltschrank *m*
three-legged flange	Dreiarmflansch *m*
three-spindle-nutrunner	Dreifachschrauber *m*
threshold (limit)	Schwellenwert *m*
throttle	Drossel *f*
throttle butterfly	Drosselklappe *f*
throttle demand	Vorgabe für den Verstellhebel *f*
throttle demand governing	Drehzahlregelung *f*
throttle housing	Drosselklappenstutzen *m*
throttle lever	Verstellhebel *m*
throttle lever damper	Verstellhebeldämpfer *m*
throttle lever position	Verstellhebelstellung *f*
throttle lever signal copy	Verstellhebelsignal-Kopie *f*

throttle position sensor	Verstellhebelsensor *m*
throttle response	Ansprechverhalten des Motors *n*
throttle valve	Drosselklappe *f*
throughput rate	Durchsatzrate *f*
throw in gear	einkuppeln
thrust bearing	Drucklager *n*
thrust collar	Druckring *m*
thrust face	Schubaufnahmefläche *f*
thrust pin	Druckbolzen *m*
thrust plate	Anlauf- / Druckplatte *f*
thrust side	Schubaufnahmeseite in Drehrichtung *f*
thrust sleeve	Anschlagbuchse, Druckhülse *f*
thrust washer	Anschlag- / Druckscheibe *f*, Druckring *m*
tickover	im Leerlauf *m*
tighten to the specified torque	anziehen mit vorgegebenem Anzugsmoment *n*
tightening torque	Anzugsmoment *n*
time tagging	Absolutzeiterfassung *f*
time-based measurement	zeitauflösende Messung *f*
time-critical / -dependent pulse	zeitkritischer Impuls *m*
timer	Schaltuhr *f*
timing advance solenoid valve	Spritzverstellmagnetventil *n*
timing belt cover	Steuerriemenabdeckung *f*
timing chain	Steuerkette *f*
timing collar	Regelhülse *f*
timing cover	Nockenwellengehäuse *n*, Stirndeckel *m*
timing crank sensor	Kurbelwellen-Positionssensor *m*
timing device / gauge	Spritzversteller *m*
timing gear train	Motorsteuerung *f*
timing hole	Einstellöffnung *f*
timing housing	Steuergehäuse *n*
timing light	Stroboskoplampe *f*
timing method	Einstellverfahren, Timing(-Verfahren) *n*
timing of a pulse	Impulstakt *m*
timing of TTL-low signals	Lage von TTL-Low-Signalen *f*
timing peg	Einstellstift *m*
timing pin	Verstellstift *m*
timing plug	Einstellstopfen *m*
TIP start	Start durch Impulssignal *m*
TIP start system	TIP-Start-System *n*
Tiptronic	manuelles Fahrprogramm *(kurzes Antippen des Wählhebels) n*
title screen	Hauptmenü *n*
title string	Titelfolge / -kette *f*
to the front	stirnseitig ausgerichtet
toggle (type) switch	Kippschalter *m*
toggle-type fastener	Spannverschluss *m*
tolerance	Vorhalt *m*

tolerance band	Toleranzbereich *m*
tommy (bar)	Einsetzstange *f*
tommy bar operated screw	Flügelschraube *f*
tooling	Werkzeuge *n pl*
tooling (fixture)	Spannvorrichtung *f*
tools	Hilfsprogramme *n pl*
toothed-belt-type drive	Zahnriemenantrieb *m*
top bush	Endbuchse *f*
top dead centre (TDC)	Nulldurchgang, oberer Totpunkt (OT) *m*
top-of-range car	„Luxusschlitten" *m*
torque	Drehmoment *n*, Durchzugskraft *f* / -vermögen *n*
torque adjustment	Drehmomentabgleich *m*
torque balance	Drehmomentausgleich *m*
torque control	Drehmomentkontrolle *f*
torque converter	Drehmomentwandler *m*
torque converter bearing	Drehmomentstütze *f*
torque impulse	Drehmomentstoß *m*
torque lever	Drehmomenthebel *m*
torque measuring shaft	Drehmomentmesswelle *f*
torque monitoring	Drehmomentüberwachung *f*
torque range	Drehmomentbereich *m*
torque reaction	Drehmomentreaktionskraft *f*
torque reception	Drehmomentaufnahme *f*
torque request	Drehmomentanforderung *f*
torque signature	Drehmomentkurve *f*
torque spring	Drehmomentfeder *f*
torque test	Drehmomenttest *m*, Schleppen des Motors *n*
torque to turn	Anzugsdrehmoment *n*
torque to turn test	Prüfen des Schleppmoments *n*, Schlepp-moment-Prüfung *f*
torque transducer	Drehmoment(mess)aufnehmer *m*, Dreh-momentmesswelle *f*
torque trimmer	Drehmomenttrimmer *m*
torque value	Anzugsmoment *n*
torque wrench with socket	Drehmomentenschlüssel mit Einsteck-werkzeug *m*
torque-controlled	drehmomentgesteuert
torque-to-yield bolt	Dehnschraube *f*
torqueing	Anziehen *n*
torqueing station	Anzugsstation *f*
torsional impact	Drehmomentstoß *m*
total dismantling	komplette Zerlegung *f*

traceability	Nachweisbarkeit *f*
track control arm	Lenkspurhebel *m*
track cycle time	Takt- / Umlaufzeit *f*
track switch *(conveyor system)*	Streckenschalter *m*
tracking of transmission	Erfassen von Getriebedaten *n*, Transportführung des Getriebes *f*
traction (power)	Durchzugskraft *f* / -vermögen *n*
traction control (TC)	Traktionskontrolle *f*
traffic message channel (TMC)	Verkehrsfunk *m*
trailing cable installation	Kabelschlepp *m*
transaxle test stand	Transaxle-Prüfstand *m*
transducer	Aufnehmer, Geber, Messaufnehmer, Wandler *(Messumformer, Signalumwandler) m*
transducer cable	Aufnehmerkabel *n*
transfer from the conveyor into the test stand	Transport vom Band in den Prüfstand *m*
transfer gallery	Transfersammelleitung *f*
transfer interface	Übergabeschnittstelle *f*
transfer of stored data	Übertragung gespeicherter Daten *f*
transfer pressure	Transferdruck *m*
transfer pressure leakback	Transferdruckrücklauf *m*
transfer pressure regulator	Transferdruckregler *m*
transfer station	Koppelstation *f*
transfer system	Portalträger *m*
transformer	Transformator, Wandler *m*
transistor-transistor logic (TTL) (circuit logic)	Transistor-Transistor-Logik (TTL) *f*
transistorized	transistorisiert
transistory off-load sequence	Übergangsphase ohne Last *f*
transistory phase	Übergangsphase *f*
transit staples	Verbindungsklammern *f pl*
transmission and final drive assembly	Getriebe- und Achsantrieb *m*
transmission case	Getriebegehäuse *n*
transmission control	Schaltprogrammwahl *f*
transmission final assembly	Getriebeendmontage *f*
transmission fluid	Getriebemedium *n*
transmission mounting bracket	Getriebehalter *m*
transmission of structure-borne noise	Körperschallübertragung *f*
transmission ratio	Getriebeübersetzung *f*
transmission ratio engaged	Übersetzungsverhältnis bei eingekuppeltem Getriebe *n*
transmission selector lever / shift selector	Getriebewählhebel *m*
transmission support	Getriebeabstützung *f*
transmission test	Getriebeprüfung *f*
transmission wet test stand	Prüfstand für ölbefüllte Getriebe *m*
transmit a signal	Signal übermitteln *n*
transmitter	Geber *m*

transponder *(transmit and respond)*	Transponder *(Übertragungs- / Antwort-system) m*
transverse hole	Querbohrung *f*
trap and slide system *(conveyor system)*	Schubbetrieb *m*
trapezoidal-link axle	Trapezlenker-Achse *f*
trapped O-ring	eingeklemmter O-Ring *m*
travel of the shift lever	Schalthebelweg *m*
travel sensor	Wegesensor *m*
travel up to	nach oben laufen
tray	Zwischenablage *f*
triangular scraper	Dreikant-Hohlschaber *m*
trigger	auslösen
trigger stop	Voranschlag *m*
trim module	Abgleichs-Modul *n*
trip cam	Schaltnocken *m*
trip computer	Fahrdatenrechner *m*, Multifunktionsanzeige *f*
trip out	auslösen, zuschalten
triple chain conveyor	Dreifachkettenband *n*
trolley jack	Rangierheber *m*
troubleshouting	Fehlersuche *f*
truncated	abgestumpft
try square	Anschlagwinkel *m*
tubular	röhrenförmig
tumbling nozzle pair	pendelnd gelagerter Messaufnehmer *m*
tune-up procedure	Einstellarbeiten am Motor *f pl*
turbo-oil return	Turboölrücklauf *m*
turbo-oil supply	Turboölzulauf *m*
turbocharge	Turboaufladung *f*
turbocharged engine	Turbodiesel / -motor *m*
turbocharged engine with direct injection	direkteinspritzender Turbodiesel *m*
turbocharger compressor	Turboladerverdichter *m*
turbulence chamber	Wirbelkammer *f*
turn a switch to	Schalter stellen auf *m*
turn key package	schlüsselfertiges Paket *n*
turn on *(switch)*	betätigen
turn on the power supply	Stromversorgung zuschalten *f*
turning unit for an assembly unit	Dreheinheit für eine Montagegruppe *f*
turnkey system	schlüsselfertiges System *n*
turntable	Dreh- / Rundtakttisch *m*
twin (bowl) version	Doppelversion *(eines Filters) f*
twin bay	Doppelfeld *n*
twin bowl filter	Doppeltopffilter *m*
twin clutch	Doppelkupplung *f*
twin electrical microswitch arrangement	Doppel(mikro)schalter *m*
twin filter	Doppelfilter *m*
twin floating disc	Duplexscheibe, schwimmend gelagerte Doppelscheibe *f*

twin mass spacer	Zwischenplättchen *n* / -scheibe *f*
twin palm operated button	Doppeltaste *f*
twin-pack potentiometer	Doppelpotentiometer *n*
two clamp palm push button	Doppeltaste *f*
two-bladed plug	Zweilamellenstecker *m*
two-level conveyor	Etagenband *n*
two-speed governor	Leerlauf- und Enddrehzahlregler, Zweigangregler *m*
two-stage injector	zweistufiges Einspritzventil, Zweistufenventil *n*
two-stage torque trimmer	zweistufiger Drehmomenttrimmer *m*
two-stroke lubricant	Zweitakt-Schmieröl *n*
two-track potentiometer	Zweispurpotentiometer *n*
two-way valve	Durchgangsventil *n*
Ty-rap	Wegbegrenzer *m*
type of test bench	Prüfstandsauslegung *f*
tyre pressure monitoring	Reifendruck-Überwachung *f*

U

'U' bend	U-förmig verlegtes Rohr *n*
ultimate solution	günstigste Lösung *f*
ultrasonic sensor	Ultraschallsensor *m*
unacceptable spray pattern	schlechtes Spritzbild *n*
unauthorized personnel	unbefugte Personen *f pl*
unbalanced braking	ungleichmäßige Bremskraftverteilung *f*
unbalanced delivery	schwankende Einspritzmenge *f*
unclamp a pipe	Leitung lösen *f*
unclamp a sensor	Messanschluss entriegeln *m*
underfuelling	zu wenig Kraftstoff *m*
undress *(test piece)*	abrüsten
undress station	Abrüstplatz *m*
uneven engine running	erhöhte Laufunruhe des Motors *f*, unökonomischer / unruhiger Motorlauf *m*
unevenness of the installation floor	Unebenheiten des Montagebodens *f pl*
unidirectional	nur in einer Richtung wirkend *f*
uniform delivery of fuel	gleichmäßige Dosierung der Einspritzmenge *f*
uniform pallets	einheitliche Paletten *f pl*
union	Rohrverschraubung *f*
unit	Einheit *f*, Gerät *n*
unit assembly system	Baukastensystem *n*
unit under test	Prüfling *m*
universal injector spray pattern analyzer	Prüfmodul zur Spritzbildanalyse von Einspritzventilen *n*
unless specified otherwise	wenn nicht anderweitig festgelegt
unloading and loading	Abpacken und Wiederauflegen *n*
unloading collar	Entlastungsstutzen *m*
unloading of a test piece	Ausschleusen des Prüflings *n*
unloading station	Entladestation, Entnahmemöglichkeit *f*
unsatisfactory nozzle	fehlerhafte Düse *f*
unscrew	lösen
unspecified	nicht spezifiziert
unstable hot idle	instabiler Warmleerlauf *m*
unstable parameter	instabiler Parameter *m*
unsupported *(self-contained)*	freitragend
unsupported pump	außen gelagerte / selbstansaugende Pumpe *f*
up-size version	größere Version *f*
update run	Fortschreibungslauf *m*
updating process	Aktualisierung *f*
upgrade	auf- / nach- / umrüsten
upgrade a line	eine Anlage aufrüsten *f*
uppermost *(part)*	(ganz) oben
uprated drive shaft	verstärkte Antriebswelle *f*

upshift sequence	Hochschalten von Gängen *n*
upstream	vorgeschaltet
upstream revamping	Modifizierung vorgeschalteter Anlagen *f*
uptime guarantee	technische Verfügbarkeit *f*
use a default reading / value	Standard- / Prüfwert einsetzen / schalten / vorgeben *m*
user interface	Benutzerschnittstelle *f*

V

vacuum booster	Vakuumbremsverstärker *m*
vacuum line	Unterdruckleitung *f*
vacuum pump	Unterdruckpumpe *f*
vacuum seal	Vakuummanschette *f*
vacuum system	Unterdrucksystem *n*
validate *(data)*	bestätigen
validity of data	Gültigkeit von Daten *f*
value measured	Messwert *m*
valve body	Schaltplatte *f*, Ventilgehäuse *n*, Ventilblock / -körper *m*
valve collet	Ventilkeil *m*
valve core	Ventileinsatz / -kern *m*
valve cover	Ventildeckel *m*
valve guide	Ventilführung *f*
valve head depth	Ventiltellertiefe *f*
valve holder	Ventilträger *m*
valve is in the 'closed' position	Ventil ist geschlossen *n*
valve is in the 'open' position	Ventil ist offen *n*
valve lever	Kipphebel *m*
valve movement	Ventilfreigängigkeit *f*
valve notch	Ventiltasche *f*
valve open / close command	Steuerung des Öffnens/Schließens eines Ventils *f*
valve plate	Ventilplatte *f*
valve plunger	Ventilstößel *m*
valve popping	Poppen, Reppen *n*
valve seat	Ventilsitz *m*
valve seat lapping	Ventilsitzüberlappung *f*
valve seating ring / washer	Ventilsitzring *m*
valve spring retainer	Ventilfederteller *m*
valve stem	Ventilschaft *m*
valve stem seal	Ventilschaftdichtung *f*
valve stem seal insertion	Montage der Ventilschaftdichtung *f*
valve timing setting	Ventileinstellung *f*
valve tip	Ventilkopf *m*
valve to bore fit	Übereinstimmung von Ventil und Bohrung *f*
valve train	Ventilsteuerung *f*
valve-covered orifice (VCO) nozzle	ventilüberlappte Lochdüse *f*
valve-covered-orifice (VCO) injector type	Einspritzventil mit überlappter Lochdüse *n*
vane pump	Flügel(zellen)pumpe *f*
vapour barrier	Dampfsperre *f*
vapour lock effect	Förderstörung im Kraftstoffleitungssystem durch Dampfblasenbildung *f*
variable back pressure	einstellbarer Gegendruck *m*

variable speed	regelbare Geschwindigkeit *f*
variable-demand	regelbar
variance of data	Serienstreuung *f*
variant sensing	Ermittlung der Varianten *f*
variation in the speed	Drehzahlschwankung *f*
vary between	liegen zwischen
vary the voltage	Spannung ändern *f*
vehicle body	Fahrzeugkarosserie *f*
vehicle handling	Fahrverhalten *n*
vehicle manufacturer	Fahrzeughersteller *m*
vehicle mileage	Kilometerstand *m*
vehicle overnight storage	Abstellplatz des Fahrzeugs über Nacht *m*
vehicle specification sheet	Datenblatt eines Fahrzeugs *n*
vehicle speed signal	Signal Fahrzeuggeschwindigkeit *n*
vehicle stability control (VSC)	Fahrdynamikregelung (ESP) *f*
vent a filter	Filter entlüften *m*
vent a fuel system	Kraftstoffsystem entlüften *n*
vent a test part	Prüfteil entlüften *n*
vent pipe	Entlüftungsleitung *f*
vented to atmosphere	druckentlastet
venting	Entlüftung *f*
verification *(data)*	Bestätigung *f*
verification in process (VIP)	sequentielle Prozessüberprüfung *f*, Überprüfen von Teilfunktionen innerhalb der Montagelinie *n*
verify	bestätigen, prüfen, verifizieren
vertical acceleration	Vertikalbeschleunigung *f*
vertical adjustment screw	Höhenverstellschraube *f*
vertical plane	Lotebene *f*
vertical shelf stock	Hochregal-Zwischenlager *n*
V-form coil construction filter element	V-förmiges Filterelement *n*
vibration *(engine)*	Laufruhe *f*
vibration reducing legs	schwingungsdämpfende Füße *m pl*
vibration suppression	Entkoppelung von Schwingungen *f*
vibration-resistant	schwingungssteif
viscous sealant	viskoses Dichtmittel *n*
vision system	optisches Erkennungssystem *n*, visuelle Kontrolle / Überwachung *f*
visual check for / inspection	Sichtprüfung *f*
visual monitoring system	Kamerasystem *n*
visualization	Visualisierung *f*
vital function	sicherheitsrelevante Funktion *f*
voltage drop	Spannungsfall *m*
voltage overload	Spannungsüberlast *f*
voltage peak detection	Ermittlung einer Spannungsspitze *f*
voltmeter reading	Spannungsanzeige *f*
vulnerability to damage	Empfindlichkeit gegen Beschädigung *f*
vulnerable to damage	anfällig gegen Beschädigung *f*

W

wait loop / station	Warteschleife *f*
walking beam	Hubbalken, Konsolförderer, Taktbalken *m*
warning circuit	Warnschaltkreis *m*
warning display	Warnanzeige *f*
warning light	Kontrolllampe, Warnleuchte *f*
warranty claims	Rückläufer innerhalb der Garantiezeit *m pl*
warranty paperwork	Garantieunterlagen *f pl*
warranty request record	Garantieanforderungen *f pl*
washer	Füll- / Ring- / Schutzscheibe *f*
wastegate	Ladedruckregelung, Überwachungsvorrichtung *f*
watchdog	Überwachungssystem *n*
water cavity / chamber	Wasserkammer *f*, Wasserraum *m*
water circuit	Wasserkreislauf *m*
water pump flange	Wasserpumpenflansch *m*
water resources act	Wasserhaushaltsgesetz *n*
water retention	Wasserrückhaltung *f*
water return	Wasserrücklauf *m*
water sensing upgrade	Umrüsten auf Wassersensorik *n*
water separation	Wasserabscheidung *f*
water trap	Wasserabscheider *m*
waterscan	Wasserabscheider mit elektrischer Anzeige *m*
waterstop	Wasserabscheider mit Kraftstoffunterbrechung *m*
wave washer	Wellenscheibe *f*
wax	Paraffin *n*
wax motor	Wachsmotor *m*
wax problem	Problem der Paraffinierung *n*
waxed diesel fuel	paraffinierter Diesel *m*
waxing characteristics	Paraffinkennwerte *m pl*
waxing point	Trübungspunkt bei Paraffin *m*
waxing problem	Paraffinbildung *f*
way and slide assembly	Schlitten *m*
wear	Abnutzung *f*, Verschleiß *m*
wear compensating	verschleißmindernd
webs	Verstrebungen *(am Motorblock) f pl*
wedge	Keil *m*, Spreizkeilvorrichtung *f*
wedge-shaped	keilförmig
wedge-type gate valve	Keilschieber *m*
weight cage	Gewichtskäfig *m*
well-formed spray pattern	gutes Spritzbild *n*
wheel slip	Bremsschlupf *m*
wheel-slip control	Bremsschlupfregelung (ASR) *f*

wheel-up unit	Rollenwagen *m*
when a system is running	während eines Systembetriebs *m*
wide bead	breiter Wulst *m*
wiggle test	Test zur Ermittlung zeitweiliger Kabelstörungen *m*
wind tunnel	Windkanal *m*
window lifter	Fensterheber *m*
winter fuel	Winterkraftstoff *m*
wire link	Drahtlasche *f*
wire ring	Drahtring *m*
wire spring clip	Drahtfederklemme *f*
wire strain gauge	Dehnungsmessstreifen (DMS) *m*
wire strand	Kabelstrang *m*
wire-instrumented injector	verkabeltes Einspritzventil *n*
wiring	Verdrahtung, Verkabelung *f*
wiring loom *(engine)*	Kabelstrang *m*
wishbone	Dreieckslenker *m*
with the engine running	während des Motorlaufs *m*
with the engine stopped	mit Motorstopp *m*
with the keyswitch in the 'on' position	mit Zündschlüssel EIN *m*
workbench	Werkbank *f*
working engine	lauffähiger Motor *m*
working pressure	Arbeitsdruck *m*
working virgin engine	lauffähiger neuer Motor *m*
workshop manual	Werkstatthandbuch *n*
workshop practice	Werkstattbedingungen *f pl*
worm and gear drive	Schnecken- und Zahnradantrieb *m*
worn out	abgenutzt
worst *(condition)*	extrem
worst operating condition	gravierende Betriebsbedingung *f*
write test results to Moby tag	Moby I mit Prüfdaten beschreiben *n*

X / Y / Z

X-Y slide	Kreuzschlitten *m*
year of construction	Baujahr *n*
yoke	Ausgleichs- / Druck- / Kreuzstück *n*
yoke adjuster *(steering box)*	Einsteller *m*
yoke and field winding assembly	Polgehäuse mit Feldwicklungen *n*
yoke housing	Polgehäuse *n*
yoke pinion cover	Druckstück-Ritzeldeckel *m*
zero	Null-Lage *f*, Nullpunkt *m*
zero advance position	Nullverstellung *f*
zero backlash drive	Ausgleichsantrieb, Nullausgleichsantrieb, schwimmend gelagerter Antrieb *m*
zip / air gun	Kompressorschrauber *m*
zone control	Bereichskontrolle / -überwachung *f*

Deutsche und englische Abkürzungen

4WD	four wheel drive
A / C	air conditioning
ABC	active body control
ABC+T	active body + traction control
ABD	automatisches Bremsdifferential
ABE	allgemeine Betriebs-Erlaubnis-Nummer
ABS	Anti-Blockier-System; anti-lock braking system
ACC	adaptive cruise control
ACT	advanced cold test
ADR	accident data recorder
ADS	adaptive damping system
AE	American English
AFL	adaptive forward lighting
AGR	Abgasrückführung
AKR	Antiklopfregelung
ALC	automatic lighting control
ART	Abstandsregeltempomat
ASB	active sensor bearing
ASC	anti wheel-spin control
ASC	automatic stability control
ASC+T	automatische Stabilitäts- und Traktionskontrolle
ASR	Anfahr- / Antriebsschlupfregelung
ASU	Abgassonderuntersuchung
ATF	automatic transmission fluid
ATP	acceptance test procedure
Autosar	automotive open systems architecture
AVM	advanced video metering
BDC	bottom dead centre
BDR	Brennraumdrucksensor
BOB	break-out-box
BRG	bearing
BTDC	before top dead centre
CAN	control area network
CAPAC	configurable architecture for processing, analysis and control
CAPS	combined active and passive safety system
CAS	coded anti-start system
CDC	continuous damping control
CFO	cold function overcheck
CFPP	cold filter plugging point
CPU	central processing unit

CV	constant velocity
CVT	current-(to)-vacuum transducer; continuously variable transmission
DCU	diesel control unit
DELA	Direkteinspritzung von Ladeluft
DI	direct injection
DIS	distributorless ignition system
DMS	Dehnungsmessstreifen
DOD	depth of discharge
DPCN	distributor pump compact numeric
DSC	dynamic stability control
DTV	disc thickness variation
E / A	Eingang / Ausgang
EBF	Einheitenbedienfeld
ECU	electronic / engine control unit
EDC	electronic diesel control
EEPROM	electrically erasable programmable read-only memory
EGR	exhaust gas recirculation
EHB	Einschienenhängebahn
EMC	electromagnetic compatibility
EMF	electromagnetic force
EMK	elektromagnetische Kraft
EMS	engine management system; elektronische Motorsteuerung
EMV	elektromagnetische Verträglichkeit
EOL	end-of-line test
EPS	electric power steering
ESC	electronic spark control
ESOS	electronic shut-off solenoid
ESP	elektronisches Stabilitätsprogramm
ETC	electronic traction control
ETK	electronic test kit
EVD	exploded view drawing
EZ	elektronische Zündung
FCC	floating car data
FIE	fuel injection equipment
FMEA	failure modes and effects analysis; Fehlermöglichkeits- und Einflussanalyse
FRL	filter-regulator-lubricator
FSI	fuel stratified injection
FSR	Fahrstabilitätsregelsystem
FTS	ferngesteuertes Transportsystem
GDI	gasoline direct injection
GPS	global positioning system
HBF	Hauptbedienfeld

HCCI	homogenous charge compression ignition
HCS	high compression swirl
HD	heavy duty; Hochdruck
HEGO	heated exhaust gas oxygen sensor
HLA	hydraulic lash adjuster
HPDS	high pedal demand switch
HUD	head-up display
HVA	hydraulisches Ventilspiel-Ausgleichselement
HVL	hydraulic valve lifter
I / O	input / output
IACV	idle air control valve
ICU	integrated control unit
IDI	indirect injection
KG	Kurbelgehäuse
LAN	local area network
LCV	light commercial vehicle
LDV	light duty vehicle
LED	light-emitting diode
LHP	Lenkhilfpumpe
LHS	limp home strategy
LLA	low-load advance
LLAP	progressive low-load advance
LLR	Leerlaufluft-Regelventil
LLVL	Ladeluftverteilerleitung
LOS	limited operation strategy
LPDS	low pedal demand switch
MFI	mechanical fuel injection
MOV	motor-operated valve
MSR	Motorschleppmomentregelung
NL	noise level
NLS	needle lift sensor
NOx	nitrous oxide
NTC	negative temperature coefficient
O / D	overdrive
OBD	on-board diagnosis; On-Board-Diagnose
OE Ref.	Original Equipment Reference
OEM	original equipment manufacturer
OHV-Motor	Motor mit oben liegender Nockenwelle
OT	oberer Totpunkt *(Nulldurchgang)*
PAM	Porsche Stability Management
PASM	Porsche Active Suspension Management
PATS	passive anti-theft system
PCB	printed circuit board

PCCB	Porsche Ceramic Composite Brake
PCM	powertrain control module
PDC	park distance control
PGM	positive graduate metering
PID	proportional-integral-derivative; Proportional-Integral-Differential
PLC	programmable logical control / controller
POSIP	Porsche Side Impact Protection System
PSU	power supply unit
PTFE	polytetrafluoroethylene
PTO	power take-off
PVS	ported vacuum switch
PWM	pulse width modulation
RAM	random access memory
RDS	radio data system
SAE	Society of Automotive Engineers (USA)
SP	Schallpegel
SPS	statistische Prozesssteuerung
SRS	supplementary restraint system
SUV	sports utility vehicle
SV	Spritzverstellung
TC	traction control
TDC	top dead centre
TMC	traffic message channel
TTL	transistor-transistor logic
UDS	Unfall-Datenschreiber
UT	unterer Totpunkt
v.E.	vom Endwert
VCO	valve-covered-orifice
VEXT	external voltage
VIP	verification in process
VSC	vehicle stability control
ZAS	Zylinderabschaltung
ZMS	Zweimassenschwungrad
ZSG	Zentral-Synchron-Getriebe